见识城邦

更新知识地图　拓展认知边界

Lewis Thomas

The Lives of a Cell

Notes of a Biology Watcher

细胞生命的礼赞

一个生物学观察者的手记

[美] 刘易斯・托马斯　著

苏静静　译

中信出版集团 | 北京

图书在版编目（CIP）数据

细胞生命的礼赞：一个生物学观察者的手记 /（美）刘易斯·托马斯著；苏静静译 . -- 北京：中信出版社，2020.7（2024. 6 重印）

书名原文：The Lives of a Cell

ISBN 978-7-5217-1897-3

Ⅰ. ①细… Ⅱ. ①刘… ②苏… Ⅲ. ①生物学–普及读物 Ⅳ. ① Q-49

中国版本图书馆 CIP 数据核字 (2020) 第 084645 号

细胞生命的礼赞——一个生物学观察者的手记

著　　者：［美］刘易斯·托马斯
译　　者：苏静静
出版发行：中信出版集团股份有限公司
　　　　　（**北京市朝阳区东三环北路 27 号嘉铭中心　邮编　100020**）
承 印 者：北京通州皇家印刷厂

开　　本：880mm × 1230mm　1/32　　印　　张：6.25　　字　　数：108千字
版　　次：2020年7月第1版　　印　　次：2024年 6 月第12次印刷
京权图字：01–2020–1351
书　　号：ISBN 978–7–5217–1897–3
定　　价：48.00元

目录

推荐序

刘易斯·托马斯（Lewis Thomas，1913—1993）是 20 世纪为数不多的能跨越科学和文学之间鸿沟的医学家。他把自己对科学、医学、健康、疾病的深刻见解，与对自然和人类社会的思考结合起来，以清晰、优美和诙谐的笔调，发表了一系列医学人文随笔，得到广泛好评，后来编辑为《细胞生命的礼赞》（*The Lives of a Cell*）、《水母与蜗牛》（*The Medusa and the Snail*）以及《最年轻的科学》（*The Youngest Science*）等，都成了畅销书，其中《细胞生命的礼赞》多次印刷出版，已被翻译成 11 种语言，并于 1974 年获得美国国家图书奖。

刘易斯·托马斯 1913 年出生于纽约皇后区的法拉盛。他的父亲是一名医生，母亲曾是护士，住所也兼诊所。因此，托马斯从小就对家庭医生的疾病诊疗耳濡目染。这种经历让他有机会观察到美国医学正在发生的巨大变革：从他父亲作为家庭医生主要给病人以安慰，但实际上对许多疾病治疗效果不佳，到他所经历的抗生素革命，再到器官移植、免疫学、分子遗传学的突破等。不过，在托马斯看来，20 世纪医学实践中的巨大变化并不都是有利于病人的，他对医生们越来越专注疾病、远离病人感到忧虑。这个担忧也在他的随笔中充分地表达出来。

托马斯 15 岁时考入普林斯顿大学，入学之初，成绩平平，但对幽默诗歌和文学产生了浓厚的兴趣，并常有作品发表。大学后两年，托马斯学习兴趣激增，从文学转向医学。

1933 年，他考入哈佛大学医学院，立志做一名医学家。当时医学正在发生急剧的转变，化学药物、维生素、激素显著地提升了临床医学治疗水平，医学实验室研究的兴起将临床诊疗从以经验为主转化为依赖科学的检测。1941 年，他完成了在哥伦比亚长老会医学中心的神经科住院医师实习，并成了获得该院神经病学梯尔尼（Tilney）奖学金的第一人，去哈佛大学医学院进修一年。1942 年，托马斯应招进入海军医学研究机构并被派往太平洋诸岛进行医学研究，其中一项任务是设法从非典型病原体肺炎的病人体内分离出病毒。战争结束后，他进入约翰斯 · 霍普金斯大学从事儿科临床和风湿热研究，并对免疫防御机制产生兴趣。1948 年，托马斯到杜兰大学做微生物学和免疫学研究，1950 年，他转到明尼苏达大学继续进行风湿热研究。1954 年，他出任纽约大学医学院病理学系主任，并在随后的 15 年里将免疫学从一门基础医学学科转变为临床专科。鉴于他出色的能力，他还担任了贝尔维尤医学中心主任，不久成为纽约大学医学院的院长。1969 年他来到耶鲁大学继续研究支原体疾病的发病机制，很快又被任命为耶鲁大学医学院院长。1973 年，托马斯应邀出任国际著名癌症研究中心——纽约市纪念斯隆-凯特琳癌症中心院长。1961 年，托马斯被选为美国艺术与科学研究院院士，1971 年被选为美国科学院院士。

虽然托马斯具有医生、医学科学家、医学教育家以及行政管理者的多重身份，但他最为人们所熟知的却是他优美的医学人文随笔。他的文章或深入浅出地揭示生物学的奥秘，或娓娓动听地讲述现代医学的变迁，或幽默睿智地谈论病痛与生死。他被誉为“多才多艺的散文大师”，是当代“英语随笔的最佳作者之一”。

当托马斯在波士顿市立医院临床实习时就开始给《大西洋月刊》写诗，以弥补微薄的收入。但真正激发起他创作热情的是应邀在《新英格兰医学杂志》上发表有关生命科学与医学的随笔。《新英格兰医学杂志》是当今国际医学界的“顶级期刊”，不过作为专业性的学术期刊，它追求的不仅是执医学期刊之牛耳，而且也应彰显医界精英的文化品质，因此，《新英格兰医学杂志》除了发表学术研究前沿成果之外，也从医学界的立场发表有关时事政论、医学历史以及医学伦理法律的评述，还刊登睿智幽默的诗歌、小品文、随笔等。1971 年，托马斯在耶鲁大学医学院任病理学系主任时，他的朋友、《新英格兰医学杂志》的编辑弗朗茨 · 英格尔芬格（Franz Ingelfinger）邀请他每月为杂志写一篇随笔，约 1000 字，占期刊的一页，但没有稿酬，不过杂志方也不会编辑修改他的作品。

英格尔芬格邀请的起因是他读了托马斯在一个炎症讨论会上的主旨发言。一般而言，专题学术讨论会的气氛比较沉闷，作为开场发言，托马斯以幽默的方式讲了自己对炎症的理解：炎症不单纯是身体的防御机制，也是身体给自己造成的一种不自在。当炎症出现时，各种防御机制可能出现互不相容的局面，造成的结果常常是对宿主的损伤大于对入侵者的杀灭，这是一次生物学上的事故，如同在一个桥上，事故车、警车、消防车、救护车等都撞到了一起。

英格尔芬格读了这个演讲稿后觉得不错，于是打电话给托马斯，让他为杂志写稿。托马斯为杂志写的第一篇随笔就是《细胞生命的礼赞》，随后每月一篇，一连写了六篇。托马斯本打算就此罢手，让英格尔芬格请其他人再写点别的东西。英格尔芬格回电话说文章反响很好，让他继续。

几年中，托马斯收到不少读者来信，大多是医生和医学生，他们对文章赞不绝口，还有一位读者建议应将这些文章结集出版，这使得托马斯大受鼓舞。不久后，确有出版社前来洽谈出版事宜，托马斯后来选定了维京出版社，因为该社同意按原样出版，不需要作者再加工。托马斯选择他在《新英格兰医学杂志》上发表的第一篇随笔的标题作为书名《细胞生命的礼赞》。该书出版后得到了普遍好评，并成为持续多年的畅销书。

托马斯经常阅读蒙田的作品，喜爱蒙田的随笔风格。不过，与蒙田时常讽刺医学、挖苦医生不同的是，托马斯比较理性地议论现代医学的成就与问题，警惕人类的傲慢，关注医学技术带来的风险，批评人类对医学不切实际的期望，更睿智地审视科学与社会的互动关系。

托马斯随笔的主题，通常以科学为基础，将身体、生命现象置于更为广阔的社会环境、自然生态，甚至宇宙整体中来考察、省思、冥想。他相信自然本质上是善良的，人类天生就是利他主义和诚实的，地球上的物种之间是共生合作的，所有的生命都在相互协作，相互依存。他认为音乐是星际交流的最好介质，并主张用巴赫的作品代表人类一遍又一遍地传向太空。托马斯在论述他喜欢的疾病理论时说，疾病往往是身体免疫系统的一种有缺陷的反应，而不是外来病原体的入侵。

在晚年，托马斯尤其关注死亡问题。他指出，尽管我们在理解生物学的某些深奥方面已经取得了很大的进展，但我们仍然和我们最遥远的祖先一样，对死亡有着最纠结和逃避的态度。在谈到死亡时，托马斯认为“真的没有死亡的痛苦这回事。我很确定，在死亡的那一刻，疼痛就被切断了。当身体知道它要走的时候，就会发生一些事情。内啡肽是由下丘脑和脑下垂体的细胞释放的，它们附着在负责感受疼痛的细胞上”。

1993 年 12 月 3 日，托马斯因患一种类似淋巴癌的疾病——原发性巨球蛋白血症，在曼哈顿的纽约医院去世，享年 80 岁。托马斯被誉为科学诗人。《细胞生命的礼赞》展示了托马斯既具有科学家的远见卓识，又富有诗人的机智与典雅；既反映出作者天生的乐观主义，又呈现出其对现实的幽默与讽刺。他留下的科学人文或医学人文作品，依然会促使读者去思考生命的意义，探究自然世界的奥秘。

张大庆

北京大学教授

2020 年 5 月 20 日

细胞生命的礼赞

现代人的麻烦在于，一直试图将人类与自然剥离。他坐在一堆聚合物、玻璃和钢铁的顶端，高高在上，悠闲地晃着双腿，睥睨地球上错综复杂的生命。在这样的场景中，人成了强大的致命性力量，而地球则是脆弱的存在，如同乡间池塘水面上冒出的泡泡，抑或如风声鹤唳的惊弓之鸟。

但是，任何以为地球生命脆弱的想法，都不过是错觉。地球无疑是人类可以想象到的宇宙间最坚韧的膜，死神完全无法涉足。而我们倒是其中柔弱的部分，就像纤毛一样短暂、脆弱。自诩人的存在凌驾于其他生命之上，是我们由来已久的想法。在过去，这种错觉从未梦想成真，而今天亦然。人乃是内嵌于自然中的一部分。

近年来，由于生物学研究的发展，这一观点已成为更紧迫的事实，而且这一趋势还将继续下去。人们日益强烈地认识到人与自然是彼此联结的，而二者是如何联结的，将是亟待解决的新难题。“人是地球特殊的主人”这一根深蒂固的旧观念，正在被颠覆。

一个很好的例子可以证明我们并非作为实体存在。我们并不像过去想当然的那样，由一套套日渐丰富的零件组成。我们是被分享着、租用着、占据着的。在我们体内细胞的内部，线粒体驱动着细胞，通过氧化的方式提供能量，让我们精神饱满地去迎接每一个阳光灿烂的日子。而严格地说，它们并不属于我们。它们实际上是独立的小生命，是原核生物（很有可能是一些原始的细菌）增殖形成的菌落后裔。在远古时代，这些细菌游到人体真核细胞的祖先体内，留在了那里。从那时起，它们按照自己的方式复制，保留了原来的结构和生活方式，它们体内有着与我们截然不同的 DNA（脱氧核糖核酸）和 RNA（核糖核酸）。它们更像是我们的共生体，就像根瘤菌之于豆科植物一样。没有它们，我们将没法活动肌肉，敲打手指，开动脑筋。

线粒体是我体内可靠的、负责的房客，我愿意信任它们。但其他那些以类似的方式定居在我细胞里的小动物呢？它们在归置我、平衡我，将我拼凑在一起。中心粒、基体，很可能还有其他许许多多工作在我细胞之内的默默无闻的小东西，它们有各自特殊的基因组，都像蚁穴中的蚜虫一样，既是外来的，又是必不可少的。细胞不再是最初的单一实体，它们构成了比牙买加海湾还要复杂的生态系统。

我当然乐于认为，它们是在为我打工，它们的一吸一呼都是为了我，但是否还有一种可能，其实是它们每天清晨散步于本地的公园，感觉着我的感觉，聆听着我的音乐，思考着我的思考呢？

于是，我稍觉宽慰，因为我想到那些绿色植物跟我同病相怜。它们身上如果没有叶绿体，就不可能是植物，也不可能是绿色的。是那些叶绿体在经营着光合工厂，为我们生产氧气。但事实上，叶绿体也是独立的生命体，拥有自己的基因组，编码着自己的遗传信息。

我们的细胞核里储存着大量 DNA，也许是祖细胞融合和原始生物共生的结果。我们的基因组堪称大自然各种来源的说明书目录，是各种意外组合的集合地。就我个人而言，我对分化变异和物种形成深怀感激。不过，我的想法已不像几年前那样，认为人是独立的实体。我想，其他人也不应该这么想。

地球生命的同一性比多样性还要令人惊奇。对此，最可能的解释是，我们最初都是从单个细胞演化而来的，这个细胞是在地球冷却的时候，被一声惊雷赋予了生命。我们是这一母细胞的后代，我们的样子在那时就已注定。我们跟周围的生命有着共同的基因，而草的酶和鲸鱼的酶之间的相似性，就是同族相似性。

病毒，原先只被人们看作疾病和死亡的介质，如今看来更像是活动的基因。进化仍旧是一场冗长、无穷尽的生物赌局，唯有赢家才能留在桌上，但游戏规则似乎渐趋灵活了。我们生活在病毒的舞蹈矩阵中；它们像蜜蜂一样，从一个生命体窜向另一个生命体，从植物到昆虫，再从别的哺乳动物到我，又反方向跳回去，回到海里，从这里拖几片基因串，再移植到那里的 DNA 上，像大型派对上递菜一样传递着遗传特征。它们也许是一种机制，使新的突变型 DNA 在我们中间最广泛地流通着。如果真是这样，一些靡费我们诸多关注的病毒性怪病可能不过是一场因为纰漏造成的意外事故。

近来，我一直试图把地球看作某种有机体，但总嫌说不通。我不能那样想。它太大，太复杂，太多环节缺乏可见的联系。前几天的一个晚上，我驱车穿过新英格兰南部树木浓密的丘陵地区时，我又在琢磨这事儿。如果它不像某种生物，那么它像什么，它最像什么东西呢？当下我忽而想出了颇满意的答案：它非常像一个单细胞。

关于倒计时的想法

每当远征月球的宇航员重返地球时，我们总能看到一系列精心设计的仪式，不难发现其中隐晦的象征意义。宇航员总要首先赞美地球的不可侵犯性，然后每次都是程式化的设计——重申我们对于生命本质由来已久的忧虑。他们并不会双膝跪倒，亲吻飞船的甲板，这也许有违一些人的预期；那样会侵犯、搅扰和玷污甲板、飞船、周围的海洋和整个地球。相反，他们会戴上口罩，举起双手，啥也不碰地快步走入无菌箱。他们会站在玻璃板后面，一脸神秘，像在无菌室一样，向总统挥手致意，唯恐鼻息里的月尘沾到总统身上。无菌箱被高高吊起，他们紧接着被悬渡到休斯敦的另一个密封室里，等待检疫隔离期满。在此期间，人们不安地看着被接种了疫苗的动物和培养的组织，害怕真的出现什么凶兆。

直到这长长的灭菌隔离仪式完成之后，他们才能重见天日，一路飙车到百老汇。

外星来客或穿越而来的古代人会认为这一套仪式是不折不扣的疯子行为，局外人是无法理解的。现如今，我们别无他选，只能如此。假如月球上有生命，我们首先要怕它，必须提防着它，免得沾染上什么。

它或许是一个细菌、一条核酸链、一个酶分子，或者是一个叫不出名字的小生命，没有毛，但长着明亮的灰色眼睛！不管是什么，单凭想象，陌生的异类绝非善类，一定要把它关起来。我想，辩论将转向如何干净利落地杀死它。

真是奇事一桩，我们竟能全盘接受这种做法，好似这是遵从了自然法则一般。由此可见这个时代我们对生命的态度，我们对疾病和死亡的迷思，我们的人类沙文主义。

支离破碎的证据说明我们错了。已知的大多数生物之间基本上是合作关系，是不同程度的共生关系；看似敌对，它们通常保持距离，其中的一方发出信号和警告，打旗语要对方离开。一种生物要使另一种生物染病，那需要长时间亲近、长期和密切的共居才能办到。假如月球上有生命，它就会为我们接纳它加入“球籍”而孤独地等待。我们这儿没有独居生物。在某种意义上，每一种生物都跟其他生物有联系，都依赖于其他生物。

据估计，我们真正熟知的微生物只占地球上所有微生物的一小部分，因为其中的大多数无法单独培养。它们在相互依赖的密集群体中共同生活，彼此供给营养，维持对方的生存环境，通过一个复杂的化学信号系统，调控不同群体之间的平衡。现有的技术还不允许我们把微生物一个个地分离出来，单独培养，正如我们不能把单只蜜蜂从蜂巢取下，而不像脱皮的细胞般干死。

细菌已开始具备群居动物的某些面貌；它们为研究不同生命形式在不同层面的相互作用提供了相当好的模型。它们靠合作、适应、交流和以物易物生活。借助由病毒建立的通信系统，细菌和真菌可能构成了土壤的基质（有人提出，微生物的腐殖酸对于土壤物质来说，相当于人体内的结缔组织）。它们靠对方生存，有时还生活在对方体内。蛭弧菌属会如同噬菌体一样，穿透其他细菌的体壁，蜷缩在里面，复制、繁衍后再冲出来。有的细菌群体由于对较高级的生命干预之深，看上去就像植物和动物体内新的组织一般。根瘤菌遍及豆科植物的根毛，看起来就像贪婪的侵入性病原体一样。但是，它们介入后形成的根瘤与植物细胞合作，成了地球上最重要的固氮器。沿着植物细胞与微生物细胞交接的膜合成的豆血红蛋白堪称共生高端技术的样板。蛋白质是由植物合成的，但这种合成只有在细菌的指令下才能进行，豆血红蛋白的编码植物 DNA 可能是进化的结果，最初源于这种微生物。

那些生活在昆虫组织内的细菌，比如蟑螂和白蚁的含菌细胞[1]内的菌类，看上去好像宿主身上的特殊器官。至今，我们还不清楚它们为那些昆虫做了什么，但已经知道，没有它们这些昆虫是活不长的。它们像线粒体一样，一代一代由卵细胞遗传而来。

已有人提出，原核细胞之间的共生关系乃是真核细胞的起源，而不同种类的真核细胞通过融合（比如，具有纤毛的、游动的细胞并入吞噬细胞）形成了菌落，最终进化为后生生物。如果真是这样，区分自我与非我的身份标志早在那时就已模糊了。今天，共生关系支配着大多数海洋生物，很少会涉及谁是谁的问题，即使共生生物的机能如同单个动物一般。那些牢牢地附着在贝壳、蟹螯上的海葵，能够准确识别附着面的分子构型：蟹类能认出属于自己的海葵，有时会主动去找寻，将它作为装饰物一样安在甲壳上。在它们看来，小丑鱼已经成为某些海葵的功能器官，在它们很小的时候，已在宿主那致命的触角之间生活；它们不能一下子就游进去，必须先在边上试探几次，直到海葵识别出它们体表可被接纳的标记。

在调节动物关系的过程中，有时会有一些貌似即兴的发明创造，好比为进化提交的草案。其中有些是很幽默的，有些甚至透着狡黠。几年前，在澳大利亚，有些冲浪者被某种海洋生物蜇到了，后来发现那是一种带刺的海蛞蝓，貌似手持狼牙棒的葡萄牙士兵。这些“海神”以水母为食，它们会对水母进行修饰和改造，以便将自己的刺细胞从新宿主的体表刺入，形成暂时的杂交体，兼具二者的基本特征，不过是不对等的。

即便是在必须争个输赢的情况下，这种交换也未必是一场战斗。由海生腔肠动物门海扇的几个种之间的“冷漠疏离”，足见保持个体性的机制在免疫性的进化之前存在已久。海扇更愿意簇拥在一起，成片地长成树枝状，但不会彼此融合。假如是融合的，那它们的样子将无疑是一团糟。西奥多（Theodor）用一系列漂亮的实验证明，当两个同种海扇保持密切接触时，其中较小的一个总是先解体。这是由裂解机制调控的一种自我解体，完全由较小者控制。它没有被逼退战场，没有一败涂地，也没有弹尽粮绝，它只是选择上台鞠躬便优雅离场。知道生物界还有这样的事，虽然未必会感到舒服，但尚算是情理之中的意料之外。

大气中的氧是植物中（让人惊讶的是，在巨蛤和更低级的海洋生物的吸管里也存在）的叶绿体产生的。在进行组织培养时，将遗传学上毫无联系的细胞放在一起，无视种的不同，融合成一些杂种细胞，这乃是一种自然趋势。炎症和免疫机制的强大设计，一定是为了让我们彼此分离。如果没有这些复杂的机制，我们或许已进化为某种在地球上四处流动的合胞体，连一朵花都不会生发出来了。

我们也许会觉得，出于善意接纳来自其他星球的生命是可能的。毕竟，我们生活在一个雨水中都含有维生素 B_{12} 的星球上！据帕克（Parker）的计算，农田耕作时，对流的风暴把维生素 B_{12} 从土壤带到大气上层，它在雨水中的含量已足够使偌大的水塘长满裸藻。

作为有机体的社会

从合适的高度往下看，大西洋城边，海滨木板路，阳光灿烂，一群群的医学家从四面八方赶来参加年会，俨然群居昆虫开大会。同样是振动式的离子运动，不时被来回乱窜的其他昆虫打断，碰碰触角，交换一点信息。每隔一段时间，会一溜长队冲向恰尔德饭店，就像被抛出的鱼线一般。假如木板不是被牢牢钉住，就算看到它们筑起各式各样的巢穴，你也不用感到吃惊。

用这种话来形容人类也是可以的。远远看去，人类高强制性的社会行为的确很像蚁群。不过，如果把话反过来说，认为昆虫群居的活动跟人类事务有什么联系，这在生物学界就是反例一桩了。昆虫行为作家通常会在序言里劳神费力地提醒人们，昆虫好像是来自外星的生物，它们的行为绝对是异于人类的，完全是非人性、非世俗，几乎是非生物的。它们更像是精密而疯狂的小机器。如果我们试图从它们的活动中理解人性的意义，那是违背科学的。

不过，不让一个旁观者这样做是很难的。蚂蚁的确太像人类了，这真让人为难。它们会养真菌，像人类养家畜一样养蚜虫，组织军队投入战争，动用化学喷剂来惊扰和迷惑敌人，捕捉奴隶。编织蚁会使用童工，会抱着幼虫往返穿梭，用幼虫吐出来的丝把树叶织在一起，供它们的真菌农场使用。它们不停地交换信息。它们什么都干，就差看电视了。

最让我们不安的是，蚂蚁、蜜蜂、白蚁和群居性黄蜂，它们似乎都在过着两种"人生"。它们既是一些个体，忙碌着今天的事，似乎不会想着明天将会如何，同时又是蚁冢、蚁穴、蜂巢中的组成部分和基本细胞，是其中不断扭动和思考的有机体。我认为，正是由于这一层，我们才最巴不得它们是异化的东西。我们不接受能够像有机体一样运作的集体社会存在。如果存在，必然和我们不相干。

然而事实是，集体社会的生命体依然存在。人们无法设想野地里一只独行的蚂蚁能有什么思想；的确，就那么几个神经元，通过几根纤维串在一块儿，恐怕连想法都没有，更谈不上有什么思想了。它更像是一段长着腿的神经节。当四只或十只蚂蚁团团围住路上的一只死蛾时，看起来就有点想法了。它们推推搡搡，慢慢地把这块食物向蚁穴移动，只是机会十分渺茫。只有当你看到成千上万只蚂蚁聚在蚁穴边，地上黑压压一片时，你才看见完整的“野兽”,它在思考、筹划、谋算。这是智能，是有生命的计算机，这些蠕动的小东西就是它的智慧。

建造蚁穴的过程中，有时需要某个尺寸的细枝，这时，所有成员都着魔般开始搜寻；然后，当外墙建完要盖顶时，需要换另一种尺寸的细枝，于是，好像从电话里接到了新的命令，所有的工蚁转而寻找新的细枝。如果你动了蚁穴某一部分的结构，数百只蚂蚁会过来轻晃那一部分，移动它，直到它恢复原来的样子。它们会觉察到远方的食物，长长的队伍像触角一样伸出来，越过平地，翻过高墙，绕过巨石，把食物搬回来。

白蚁还有一个更神奇的特点：随着队伍的壮大，智慧似乎也在增加。当蚁穴里只有两三只白蚁时，它们会衔着一块块土粒、木屑搬来搬去，似乎一事无成，什么也建不成。但随着越来越多的白蚁加入，似乎达到了某个临界数或法定数，就开始产生想法了。它们开始把小土粒叠放起来，很快建成了柱子，然后是对称的漂亮拱门，最后盖成了穹顶晶状建筑的蚁穴。我们至今还不知道它们是怎样交流的，也无人明白正在建造一根柱子的白蚁怎么会知道何时该停止工作，全队转移到一根毗邻的柱子，而时间一到，它们又知道如何把两根柱子合拢，做成天衣无缝的拱门。

一开始促使它们不再把材料搬来搬去，而是着手集体建筑的物质，也许是在它们的数目达到特定阈值时释放的信息素。它们做出受到惊吓的反应，开始变得骚动、激动，然后就像艺术家一样开始工作。

蜜蜂同时过着如同有机体、组织、细胞或细胞器的生活。每只离开蜂巢寻找花蜜的蜜蜂（根据一只跳舞的小蜂给它的指令：去南偏东 700 米，有苜蓿——注意根据太阳偏转调整方向）仍然是蜂巢的一部分，如同被细丝连着一般。建造蜂巢的工蜂如同胚胎细胞之于发育的组织；离远一点看，它们如同细胞内的病毒，制造出一排排对称的多边形晶体。分群时刻，老蜂王会带着一部分家口离巢而去，这景象就像蜂巢在进行有丝分裂。群蜂来回骚动，就像细胞液里游动的颗粒。它们分成相等的两半，一半跟着要离去的老蜂王，另一半跟着新蜂王。因此像卵子分裂一样，这个毛茸茸、晶黑金黄的庞然大物一分为二，每一个都拥有相同的家族基因。

单独的动物聚合形成一个新的有机体，这种现象并不是昆虫独有的。黏菌的细胞在每一个生命周期都在做这样的事。起初，它们是到处游动的单个阿米巴细胞，吞噬细菌，彼此疏远，保持距离，如同清一色的共和党。然后，铃声响起，由特异性的细胞放出聚集素，其他细胞立即集合，呈星状排列，彼此挨紧、融合，组成一只行动迟缓的虫子，像鳟鱼一样结实。生出一个富丽堂皇的梗节，顶端带一个子实体，从这个子实体又生出下一代阿米巴细胞，又要在同一块湿地游来游去，一个个独来独往，雄心勃勃。

鲱鱼和其他鱼群总是紧紧挤在一起，行动一致，从功能上好似一个多鱼有机体。成群的飞鸟，特别是那些在纽芬兰近海岛屿的山坡上筑巢的海鸟，同样是互相依存、互相联系、同步活动。

我们绝对是最具社会性的群居动物——和蜜蜂相比，关系更紧密，彼此依赖，行为上更不可分，虽然我们并不常感受到合作的智慧。然而，我们就好比在闭合的电路中相互连接的元件，负责贮存、处理、检索信息，因为这似乎是所有人类事务中最基本、最普遍的活动。我们的生物功能，或许就是建筑某种巢穴。我们能够得到整个生物圈中的信息，那是以太阳光子流为基本单位来到我们这儿的。当我们知道这些东西是怎样克服了随机性被重新安排时（比如，弹器、量子力学、晚期四重奏），我们或许会对如何前进产生更清晰的概念。电路好像还在，虽然开关并不一直开着。

科学中使用的通信系统堪称一套用来研究人类社会信息积累机制的简洁而易操作的模型。近期，齐曼（Ziman）在《自然》杂志上指出，“将科学研究的片段系统地发表，这一机制可能已成为现代科学史上的重要事件”。他接着写道：

> 一份期刊把共同感兴趣的观察结果从一个研究者传递给另一个研究者……科学论文通常会被认为是大锯的一小段锯齿——本身并不重要，却是更宏大规划的一个要素。这种技术使得很多些微的贡献进入人类知识库，这是17世纪以来西方科学的秘密所在，因为它获得了合作的、集体的力量，远远超过任何个人的能力。

改换几个术语，调整一下口气，这段话就可以用来描述营造蚁穴的工作。

有一件很奇妙的事，“explore”[2]一词并不涉及探索中“搜索”的含义，而是源于我们在探索时发出的呼喊。我们一般认为科学探索是孤独的、沉思的过程。在最初的阶段，的确是这样的。但或迟或早，在工作行将完成时，我们总要一边探索，一边互相打电话，交流信息，发表文章，给编辑写信，在会议上报告论文，将我们的研究发现广而告之。

对于信息素的恐惧

假如我们的确拥有信息素，我们会怎么办？我们究竟会用它来做什么呢？我们已经拥有如此丰富的语言，如此多新式的通信设备，我们为什么还想向空气中释放传达信息的气味？我们有事可以写信、打电话，悄悄耳语发出神秘的邀请，或正式宣布要举行的宴会，甚至可以从月球上“敲”出话语，让它们在行星间弹跳。为什么还要制造气体或液体，让它遗留在篱笆桩上呢？

近期，康福特（Comfort）再次证实，我们的一些解剖结构除了作为信息素的分泌腺外，并无其他合理的解释，比如体毛簇，战略性分布的顶质分泌腺，无法解释的湿润部位。我们身上甚至还有些皮肤褶皱，只是为了控制性地滋养细菌。有些微生物就像18世纪的乐师一样，靠修饰宿主的分泌物，产生化学信号来谋生。

大部分已知的信息素是小而简单的分子，极低的浓度就能发挥作用。只需要 8 至 10 个碳原子结构，就能对所有事情给出准确、清晰的指令——何时何地集合，何时解散，如何在异性面前表现，如何确认异性，如何按照层级组织社会成员，如何圈定和宣示自己的地盘，怎样毫无争议地确认自我。可以刻意留下痕迹，可以追踪，可以恐吓和迷惑敌人，可以吸引和结交朋友。

情报是十万火急的，但送到目的地时，却不过是一抹难以形容的气味。雌蛾说，“家中，今天，下午四时”，它释放出一点点蚕蛾醇。这种东西，只消一个分子就能使方圆数英里*之外的雄蛾无不茸毛颤动，莫名的气味使它逆风前来。但值得怀疑的是，它是否意识到自己是被一团化学引诱剂的烟雾所俘虏。它并不知道。它很可能忽然感觉天气宜人，时光正好，应当活动一下筋骨，于是就轻快地转身，逆风飞翔一番。它沿途追寻蚕蛾醇的芬芳，注意到有其他雄蛾都飞向那里，于是兴致勃勃地你追我赶起来。然后，当它飞达目的地时，可能认为那是妙不可言的缘分：“老天啊，你怎么会在这里！”

有人理性地计算过，假如雌蛾一次性将液囊中的蚕蛾醇全部释放出来，理论上，它能够立即吸引来一万亿只雄

---

*　1 英里约为 1.6 千米。——编者注

蛾。当然，这种事不会发生。

鱼类能够用化学信号识别同种的其他个体，也用来宣告个体地位的变化。作为地方首领的鲇鱼有一种特别的气味，而一旦它失去了行政领导地位，气味就会改变，所有的鲇鱼都会识别出其地位的丧失。“笨头笨脑”的鲇鱼可以一下子识别出敌手刚刚游过的水域，从鱼群中把它和其他鱼区别开来。

一些零星的、初步的证据证明，灵长类动物有重要的信息素。雌猴在雌二醇的作用下，会释放出可以吸引雄猴的短链脂肪族化合物。目前尚不清楚，灵长类动物之间是否会借助信息素进行其他类型的社交。

人类是否也是这样，这个问题直到最近才引起较多的关注。结果如何，尚不得而知。可能，我们只是遗传了一些“古董”器官，而记忆却一去不复返了。面对这一新的挑战，我们也许能安保无恙，在 20 世纪即将逝去之时，我们也许只能把注意力放在如何直接获得太阳能上。

虽然尚无有价值的结论提出，但一些蛛丝马迹已然出现。有人观察到，住在集体宿舍里的姑娘很容易月经周期同步。《自然》杂志曾登载了一篇文章，作者是一位颇有定量思维的英国科学家，他匿名报告了自己的亲身经历。他在近海的一座孤岛上独自生活了很长一段时间，每天会将电动剃须刀里的胡须称重。结果发现，他每次回大陆邂逅女孩子时，胡子都长得更快。据报道，精神分裂症患者的汗液有特殊的气味，经研究，是反-3-甲基己酸的味道。

现代通信技术的发展，已经使我们的大脑变得迟钝，不再可能有进一步的思考了。试想，一个个新的公司拔地而起，制造出新的香水（“基剂与发味剂的科学结合”），更大的公司在泽西平原上耸立起一座座灯火通明的高楼，生产出苯酚、麻醉剂和浅绿色的喷雾剂，它们遮盖住、粉饰或抑制了所有的信息素。对大气样本进行气相层析，可以显示各种人类活动所释放物质的波谱差别。它能区别出格拉斯哥的足球赛、职称评定委员会的会议，或是星期六下午的夏季海滩。人们甚至可以想象五角大楼内激动人心的会议和在日内瓦达成新协议时弥漫的紧张气氛。

据称，受过良好训练的猎犬可以准确无误地跟踪一个人，即使那个人走过了人潮拥挤、熙熙攘攘的广场，只要事先让狗闻一下这个人的衣物。假如非要为美国人类气味研究所规划一项研发项目，从这里着手将是很好的选择。也许还会进行二阶的或衍生的科学研究，这些研究原本应当由联邦政府资助。如果真像小说里那样，聪明的狗能通过气味辨认出人与人之间的差别，那么，这或许就是由 10 碳原子构成的分子几何形状不同，或信息素相对浓度不同所致。如果这是事实，免疫学家应该对此感兴趣。他们早就公开宣布自己已经弄清了区别自我与非我的机制。也许，能够检测半抗原等小分子的免疫机制是另一种识别同种标记物的方法，而且具有奇高的敏感性和精确性。比如，一个人最好的朋友可以闻出组织相容的供体。只要我们能成功地将研究活动维持在这一层面，用大宗的研究经费把每个人的注意力都从其他方面转移过来，我们可能会摆脱麻烦的泥沼。

地球的音乐

我们面临的问题之一是生活空间日渐拥挤，在越来越复杂的通信系统中，我们有意无意地制造出更为嘈杂和随机的声音，却难以从噪声中辨别出有意义的信号。当然，原因之一在于我们似乎无法将我们的交流限定在承载信息的相关信号上。假如我们获得了传播信息的新技术，我们势必会用它进行大量的闲聊。我们之所以没有湮没于废话之中，只不过是因为音乐救了我们。

让人们聊以慰藉的是，出现了一门新的科学——生物声学——旨在研究动物发出的声音。不管有什么样的发声装置，大多数动物都会发出大量的嘟哝声，需要长期的耐性和观察，才能把那些缺乏句法和意义的部分剔除。为了活跃气氛而进行的寒暄是最主要的。大自然不喜欢长时间的沉默。

然而持续不断的音乐总是潜伏在其他信号的背后。在蚁穴中，白蚁会在黑暗和有回响的走廊里用头部敲击地面，向彼此发出一种打击乐式的声音。在人听来，它很像沙粒落在纸上的声音，但最近人们通过对录音进行摄谱学分析，发现鼓点具有高度的组织性。敲打声以有规律的、有节奏的、长度不同的乐句出现，就像定音鼓的谱号。

某些白蚁有时通过上颚的颤动发出一种很高亢的咔嗒声，10 米之外都能听见。演奏这样的音乐，需要耗费相当大的力气，其中一定有紧急的意义，至少对发声者来说。发出这样大的声音，它必须猛地扭动身体，反冲力会把它弹起一两厘米。

试图给这种特别的声音加上特定的意义，显然是有风险的，整个生物声学领域都存在这类问题。不妨想象一下，一个对人类感兴趣但一脸迷茫的太空来客，在月球表面通过摄谱仪听到了高尔夫球的咔嗒声，然后试图把它解释为发出警告（不大可能）、求偶的信号（没那回事），或者宣告领土（这倒可能）。

蝙蝠必须不停地发出声音，它借助声呐察知周围的物体。它们可以在飞行时准确地定位小昆虫，迅速而准确地回落到原来的位置。它们用这种高超的系统代替眼睛的扫视，生活在一个伴有各种声音的嘈杂世界里。然而，它们也彼此交流，用咔嗒声和高亢的声音问候彼此。另外，它们在树林深处倒挂休息时，还会发出一种奇异的、孤凄的、清脆如铃的可爱声音。

所有可用来发声的东西几乎都被动物用上了。草原松鸡、兔子和老鼠用爪子发出敲击声；啄木鸟和其他几种鸟用头部敲打的啷啷声；雄性的蛀木甲虫用腹部的突起敲击地面，发出一种急促的咔嗒声；有一种叫作家啮虫的小甲虫，身长不到 2 毫米，也会发出隐约可闻的咔嗒声；鱼类通过叩动牙齿、吹气，或用特殊的肌肉敲击膨大的气囊发出声音；甲壳纲动物和昆虫用生有牙齿的头部使固体振动发声；骷髅天蛾能将空气从舌部逼出，从而发出唧唧声，吹奏出音调颇高的管乐。

猩猩拍打胸脯，是为了进行某种交谈。骨骼松散的动物，会把骨节摇得嘎吱作响，还有的动物会像响尾蛇那样，用外装结构发声。乌龟、短吻鳄和鳄鱼，甚至还有蛇，都能发出或多或少的喉声。水蛭可以有节奏地拍打叶子，以吸引同类的注意，后者则同步拍打做出回应。连蚯蚓都能发出微弱的、规则组合的节奏。一只蟾蜍的鸣叫，会引来朋友们的应答轮唱。

鸟类歌声中的事务性通信内容已被广泛和深入地分析，以至于其中留给音乐的内容所剩无几，但音乐还是有的。在警告、惊叫、求偶、宣布领地、征募新友、要求解散等词汇的背后，还有大量的、重复出现的美妙音乐，似乎难以解释为工作日的一部分。我后院里的画眉低首唱着流水般婉转的歌曲，一遍又一遍，我强烈地感觉到它这样做只是为了取悦自己。有些时候，它就像演奏家一样，待在自己的公寓里反复练唱。先唱一段急奏，唱到第二小节，进入间奏，那儿理应有一组复杂的和声。便从头再来，但还是不满意。有时它会即兴启用另一套乐谱，似乎是在创作几组变奏曲。这是一种沉思的、若询若诉的音乐。我不能相信它只是在说“画眉在这儿”。

知更鸟能唱婉转多变的曲子，它会视自己的喜好，重新编曲；每首曲子、音符构成句法、种种可能的变奏形成相当可观的曲库。野云雀能熟练运用三百个音符，它把这些音符排成三到六个一组的乐句，谱出五十种类型的歌曲。夜莺会唱二十四支基本的曲子，但通过改变乐句的内部结构和停顿，可以产生数不清的变化。苍头燕雀听其他同类唱歌，能把听来的片段输入自己的记忆里。

创作音乐和欣赏音乐是人类普世的需求。我不能想象，甚至在最古老的时代，一些天才画家在洞穴里作画，与此同时，不远处可能就有一些同样富有创造力的人在创作歌曲。唱歌像说话一样，主导着人类自身的生物学规律。

其他器乐演奏家，比如蟋蟀或蚯蚓，它们单独演奏时听起来或许不像音乐，但我们应该在情境中倾听。如果我们能同时听到它们合奏，配上全套管弦乐器及庞大的合唱队，我们也许就会听出其中的对位音，以及和声中不同音调、音色的协调、平衡。座头鲸的唱片充满着力量和坚忍，晦涩和深意，可能不完整，可以将它当作管弦乐队的某个音部。假如我们有更好的听力，听得见海鸟的高音，听得见成群软体动物有节奏的定音鼓，听得见萦绕于阳光中草地上空的蚊蚋之群缥缈的和声，我们可能只会感到余音绕梁，飘然欲飞。

当然还有其他方法来解释鲸鱼的歌声。那些歌也许只是在宣布航线，或看到了浮游节肢动物，抑或只是宣告自己的地盘。但人们至今还没有找到证据，除非有一天可以证明，这些悠长的、荡气回肠的旋律，被不同的歌唱者重复着，又加上了它们各自的修饰，只不过是为了向海面下数百英里传递像“鲸鱼在这儿”之类寻常的信息。否则，我就只能相信，这些曲调是真正的音乐。人们多次观察到鲸鱼在歌唱的间歇完全跃出水面，背部入水，然后全身沉浸于阔鳍击出的波涛之中。它们也许是在为刚才的乐曲欢呼，也许是在为环球巡游归来，再次听到自己的歌而庆贺。不管怎样，它们一片欢腾。

我想，外星来客第一次听到我收藏的唱片时，会同样迷惑不解。在他听来，第十四号四重奏也许是在传递某种信息，意思是宣布“贝多芬在此”，而随着时间的流逝，湮没于人类思想的洋流，过了一百年，又有一个长长的信号回应它，“巴尔托克在此”。

假如像我所认为的那样，制作音乐的动力既是我们的生物学特征，亦是基本的生物学功能，那么其中必有某种解释。既然手边没有现成的解释，我便只得抛砖引玉一下了。那富有节奏的声音，也许是往日的重现——最早的记忆，舞曲总谱，记载了混沌中杂乱无章的无生命的物质转化成不确定而有序的生命之舞。莫罗维茨（Morowitz）用热力学的语言提出了假说：能量从取之不尽用之不竭的能源——太阳——稳定地流向永远填不满的外太空，中间途经地球，从数学上来看，这个过程势必会对物质进行组织，使之逐渐变得有序。由此产生的平衡行为是带化学键的原子不断聚合为更复杂的分子，同时伴随着能量贮存和释放的循环。假设存在非平衡的稳定状态，在这种状态中，太阳能不会仅仅流向地球，然后由地球辐射开去；用热力学原理来讲，它会不符合概率论、远离熵，会把物质重组为对称状态，换句话说，就是使之进入不断重组和分子修饰的动态之中。在这样的系统中，结局将是违背概率论的偶然的有序，永远处在陷入混沌的边缘，只是因为来自太阳的那无尽的、稳定的能量流，才得以维持这种不解体的状态。

如果需要用声音来表现这一过程，依我看，它将是巴赫在《勃兰登堡协奏曲》中的编曲。但我不免纳闷，那昆虫的节奏，鸟鸣中那长段的、上下起伏的急奏，鲸鱼之歌，迁飞的数以百万计的蝗虫群那变调的振动，还有猩猩的胸脯、白蚁的头、石首鱼的鳔发出的定音鼓的节奏，是否会让人回想起同样的过程。诡异的是，“巨正则系综”本是个音乐术语，通过数学被热力学借来，成为热力学计量模型中一个十分恰当的术语。如果我们把它再借回来，加上音符，它就可以用来表达我的思想。

一个诚恳的建议

伦敦《观察家》报上曾有一个占据四分之一版面的计算机服务广告，号称把你的名字输入一个贮存着5万个人名的电子网络，只需几秒钟的时间和很少的费用，就能找出你的兴趣、偏好、习惯和最深层的欲望，并把这些进行匹配，为你找到朋友。广告说:“它（计算机）已经给数千人找到了真正的幸福和长久的友谊，它也可以为你做同样的事！”

不用花钱，也用不着填写问卷，出于种种原因，我们所有的人都被信用调查局、户口普查局、税务局、地方警察局或军队等联结在类似的网络中。长此下去，各种各样的网络早晚会彼此连接、融合，待它们联网以后，就会开始分类、排序和检索，那时，我们将会成为一个庞大网络中的数据点。

对于这种帮我在5万人中找朋友的网络系统，我并不十分担心。如果出了错，我总能推说头痛而离开。但那些更庞大的机器，那些可以对城市、对国家发出指令的机器又怎样呢？如果它们用今天的自然观来设定程序，调控人类的行为，那《启示录》里的世界末日就真的要到了。

今天大多数掌管各国事务的是一些务实的人。他们已被教育说，世界划分成敌对的系统，拳头大的是哥哥，侵略是驱动我们的核心力量，只有适者才能生存，只有强大才能更强大。于是，我们原是遵循了自然规律，就像种块茎植物一样在农田里埋了无数颗叫不上名字的炸弹，将来还要埋下更多，十亿分之一秒内一触即发，并且要经过精密的计算，在我们所有城市的中心升起人造的太阳。如果我们一下子发射足够的数量，甚至可以把海洋中的单细胞绿色生物烧个干净，从而断绝了氧气供应。

在干出这种事以前，人们希望计算机能囊括有关世界存在方式的所有信息。我想我们可以假定大家都希望这样。甚至那些支持核发展的人，尽管他们肯定是在忙着算计大规模死亡的可以接受的级别，也不愿忽视任何东西。他们应该愿意等待，至少等一段时间。

我提一个诚恳的建议。我提议，在我们获得关于至少一种生物真正完整的信息之前，大家先别采取进一步行动。那时，我们至少能说我们知道自己在干什么。这也许要十年，且说十年吧。美国可以和其他国家共同建立一个国际科研项目，以对某种生命形式进行全面的理解。之后，把获取的信息编入所有的计算机程序，那时，至少我自己就会愿意碰碰运气。

至于研究对象，我可以提供一种简单的、十年的时间易完成的选项，那就是居住在澳大利亚白蚁的消化道深处的原生动物——混毛虫。

我们似乎不用从头开始。我们已对这种生物掌握了相当多的信息——虽然尚不足够理解它，但足够告诉我们，它有些意义，说不定还有重要的意义。初看，它像一只普普通通的、会动的原生动物。值得一提的是，主要是它能快速径直地从一处游向另一处，吞食着它的宿主白蚁细嚼慢咽的木屑。在这拜占庭式复杂、诡秘、死板的白蚁生态系统里，它占据着中心地位。没有它，不管木头被嚼得多细，都不会消化；它提供了一种酶，能把纤维素分解为可食用的碳水化合物，只剩下不能继续分解的木质素，然后由白蚁以细小的几何形状排出体外，用来建筑白蚁巢穴拱券和穹顶房间的砌块。没有它，就不会有白蚁，只有白蚁才会培育的真菌农场也不可能存在，枯树更不可能会转化成沃土。

用电子显微镜更细致地观察，可以发现同步甩动、使混毛虫得以径直前进的鞭毛，原来根本不是鞭毛。它们是外来客，是来帮工的，是一些完整、完美的螺旋体，均匀地附着在混毛虫的整个体表。

然后发现，在混毛虫的体表，靠近螺旋体附着点的地方，还嵌着一些椭圆形的细胞器，另有一些类似的生物带着尚未消化的木屑微粒在细胞质里漂游。在高倍镜下观察，发现这些东西是细菌，与螺旋体和这个原生动物共生，很可能是它们在提供消化纤维素的酶。

这整个生物，或者说整个生态系统，被困顿在进化的半道上，看起来就像是一种模型，演示着人类细胞的发育过程。马古利斯（Margulis）总结了数量相当可观的资料，他指出，有核细胞是由这样的原核生物凑到一起，一步步形成的。蓝绿藻是光合作用最初的发明者，它们跟原始细菌细胞结成伙伴关系，构成了植物的叶绿体；它们的后裔是在植物细胞内独立的生物，互不相干，有着自己的DNA和RNA，按照自己的方式进行复制。其他一些在膜中起到氧化酶作用的微生物是腺苷三磷酸（ATP）的制造者，它们与发酵微生物一起，构成了后来的线粒体；此后它们删除了部分基因，保留了个体的基因组，它们只能被视为共生物。与混毛虫身上的附着者相似的螺旋体合在一起，就构成了真核细胞的纤毛。那些伸出微管，让染色体在其上排列成行，进行有丝分裂的中心粒，同样是独立的生物；在不忙于有丝分裂时，它们成了纤毛所附的基体。

还有另外一些小生物，尚未得到清楚的描述，但胞质基因的存在，就证明了它们是存在的。

若干种生物受某种隐形力量的驱使，共同组成了混毛虫，然后进一步与白蚁结合。如果我们理解了这一趋势，就可以由此推测：单个彼此分离的细胞凑到一起，构成原生动物，而最终形成玫瑰花、海豚，当然，还有我们人类。或许最终会证明，生命体融入群落，群落融入生态系统，生态系统融入生物圈，也是同样的趋势。事实上，如果这就是生命的漂移，是世界存在的方式，我们也许最终会发现免疫反应、调控化学标记自我的基因，以及所有进攻和防御的反射性应答，在进化中都是次要的，但对于调整和协调共生关系是必要的，不过不是强行进行干预，只不过是用来防止整个过程失控。

如果生物的本性就是要整合资源，有条件适宜的情况下就融合，我们就会有一种新的方式来解释生物的形式为什么越来越丰富、越来越复杂。

我相信，计算机虽无灵魂，但具有某种智能。因此我预言，十年之后，若将已获得的所有信息输入电脑，机器嗡嗡响几声，结果就会整齐而快速地打印出来：“请求更多数据。螺旋体是怎样附着的？不要开火。”

医疗技术

技术评估已成为科学领域的常规操作，我们的国家（美国）为了满足科学发展的需要，必须投入巨额的资金。一些很有头脑的委员会正在不断地评估空间技术、国防、能源、运输等领域各种科研活动的成本和收益，以便告诉人们如何审慎地为未来投资。

而医疗事业尽管每年靡费 800 多亿美元，却还没从这样的分析处理中得到什么。人们似乎理所当然地认为，医疗技术只是存在，不论使用还是抛弃。政策制定者感兴趣的主要技术问题只是如何把今天这样的保健服务公平地提供给所有的人。

分析者迟早会聚焦于医疗技术，到那时，他们将不得不面对一个问题，即如何衡量疾病管理措施的相对成本和收益。这是他们的饭碗，我祝他们顺利。但我能想到，他们必然会头昏脑涨。一方面，我们管理疾病的方法在不停地变化——部分是受到生物学各方面新信息的影响；与此同时，大量的活动又与科学没有密切的联系，有些甚至跟科学根本不沾边。

实际上，医疗方面有三个不同层面的技术，它们彼此如此不同，就像全然不是一种活动。如不把它们分开，医生和分析家就会陷入麻烦。

1. 有一大部分技术可以称为“非技术”。对这类技术的评价，不能依靠衡量它们改变病程或预后的能力。大量金钱花在了这类技术上。医生和病人对其评价甚高，其中包括所谓的“支持治疗”。它帮助病人应对大多尚未被理解的疾病。这是所谓“照顾”“维持”这类字眼所指的事。这种技术是不可取代的，但却不是真正意义上的技术，因为它不涉及直接干预疾病的根本机制。

它还包括每个好医生花费大把时间所进行的安慰工作。面对那些害怕自己得了某种不治之症而实际上非常健康的人时，他们需要再三保证和解释。

在历史上，面对白喉、脑膜炎、脊髓灰质炎、大叶性肺炎，以及所有后来得到了控制的其他传染病患者，医生在临床中所做的工作就属于这一类。

而如今，面对难治的癌症、重度类风湿性关节炎、多发性硬化、脑卒中和晚期肝硬化的患者，医生们也必须做同样的工作。人们至少可以想出二十种因缺乏有效的治疗手段而需要支持治疗的重大疾病。我认为，很多所谓的精神病和大部分癌症都属于这一类。

这种非技术费用非常高，而且会越来越高。它不但需要大量的时间，也需要内科医生的艰苦努力和高超技术。只有最好的医生才善于应对这类棘手的问题。这还意味着长期的住院、大量的护理，并涉及医院内外大量的非医疗专业人员的参与。简言之，这种疗法构成了今天医疗费用的重要部分。

2. 对于比非技术高一个水平的一类技术，最妥当的名称应当是“半吊子技术”。这就是既成事实之后所需的补救措施，即对于一些无法干预病程，只得补偿疾病所致的功能缺失。这种技术是用来弥补疾病后果或推迟死亡的。

近年来，突出事例就是心脏、肾脏、肝脏等器官的移植，以及引人瞩目的人工器官的发明。在公众看来，这类技术似乎已经等同于物理学中的高新技术。媒体倾向于将新手术渲染为突破性进展和医学的胜利，而实际上不过是权宜之计。

事实上，这个水平的技术既是高度复杂的，又是非常原始的。在真正理解疾病的机制之前，这项事业只能继续下去。以慢性肾小球肾炎为例，在我们掌握阻止病程发展或逆转病程的方法之前，需要对免疫反应物导致肾小球坏死的过程有更透彻的理解。当我们对它的理解达到了这样的水平时，肾移植技术就没有多大需求了，今天这样的物流、成本和伦理问题也就都不存在了。

为了解决冠状血栓造成的问题，冠心病的治疗涉及一系列极其复杂而昂贵的技术——包括专门的救护车和加护病房，各种电子设备，崭新的医学科室——用来对付冠状动脉血栓造成的后期症状。今天，心脏病的所有治疗措施几乎都是这一水平的技术，心脏移植和人工心脏堪称极致。一旦我们对心脏究竟出了什么问题能有充分的了解，势必会想办法预防或逆转这一过程，当下这些苦心孤诣的技术很可能走向末路。

在癌症治疗中，包括手术、放射和化疗在内的很多技术都是半吊子技术的代表。因为这些措施都是指向业已存在的癌细胞，而不是针对细胞转变成肿瘤的机制。

这类技术的特点是耗费大量的金钱，且需要不断地扩充医院设备，永远需要新的、受过严格训练的人员来操作这些设备。而且，在目前的知识条件下，也没法走出这样的困境。如果建立一些专门化的冠心病加护病房，能够使几个冠心病患者延长生命（没问题，这种技术对少数病例是有效的），那么就会不可避免地出现这样的状况：这样的病房能建多少就建多少，有多少钱就花费多少钱。我看任何人都会别无选择。唯一能让医学脱离这一级技术的就是新的信息，而获得这些信息的唯一途径就是研究。

3. 第三类技术是非常有效的，却很少引起公众的注意；这类技术已经被看作理所当然了。这是现代医学中真正有决定意义的技术，最好的例子是预防白喉、百日咳和儿童病毒性疾病的现代免疫方法，以及治疗细菌感染性疾病的抗生素和化学疗法。有效治疗梅毒和肺结核是人类历史上的一个里程碑，尽管完全消灭这两种疾病的目标还远未达到。当然还有别的例子：用激素治疗内分泌紊乱，预防新生儿溶血性疾病，预防和治疗各种营养素缺乏，或许还有马上问世的帕金森综合征和镰状细胞贫血的治疗方法。还有其他例子，每个人都有属于自己的候选名单，但事实上，也许受媒体的引导，真实的情况远比公众以为能有效治疗的疾病少得多。

这类技术才是真正的医学高新技术，是真正理解疾病机制的结果，而它一旦被证明可行，就会显出价格相对低廉、操作相对简单，治疗方式相对容易的特点。

是否有哪种重要的疾病，是医学有足够的应对能力，但成本是技术本身的主要问题，我一时似乎也举不出例子。在非技术或半吊子技术的初期阶段，技术的成本从来不会与管理疾病的费用一样高。假如我们用 1935 年的最佳方案来治疗伤寒，那费用一定会令人瞠目结舌。比如说，需要住院 50 天，需要最细致的护理，每天进行实验室检查。另外，作为当时特征性的食疗法，对饮食细节要求之严苛，个别情况下，还要手术干预肠穿孔。我想，1 万美元都算是保守的估计，而今天呢？成本可能仅仅是一瓶氯霉素，病人只要忍受一两天的发热。20 世纪 50 年代初，在使疫苗成为可能的基础研究兴起之前，用于治疗脊髓灰质炎的中途技术正在发展。还记得肯尼修女吗？还记得脊髓灰质炎患者康复机构的高额费用吗？还记得那些形式大于内容的热敷材料吗？还记得那些关于患肢是应该被动运动还是完全固定的争论吗？还记得那些为支持前者或后者，而被反复蹂躏的大宗统计学数据吗？这都是那类技术的成本，都应该与接种的成本对比一番。

肺结核在历史上也有过类似的几段插曲。20 世纪 50 年代初，手术切除被感染的肺组织的治疗方法突然兴起，当时人们甚至提出了精密的计划，要在结核病院安装新型的昂贵设备来进行大型肺结核手术。后来，异烟肼和链霉素出现了，结核病院也随之关门大吉。

当面对不完备的技术时，或对疾病机理尚不清楚却又不得不提供治疗时，内科医生总会深感束手无策，而医疗卫生系统的缺陷就更明显了。如果我是政策制定者，关心的是从长远看来节省卫生保健的开支，我会认为在生物学领域，给予基础研究更高的优先地位是非常谨慎的做法。要想让医学积攒下生物学前进的每一寸里程，这是唯一的方法，尽管这听起来有点像一步登天，异想天开。

说味

我们不论走到哪里，碰到什么，都会留下痕迹。孩童时偶然发现，将两块卵石猛烈相撞，它们会散发出一种奇怪的烟味。若把石头洗得干干净净，气味则会变淡；把石头加热到炉温时，气味便消失了；当用手拿起来，再次撞击时，气味则会重新出现。

嗅觉灵敏的狗能仅凭气味追踪一个人，即使这个人穿越了开阔地，狗也能把他的轨迹与其他区分开来。不但如此，狗还能分辨出载玻片上指纹的气味，即便六个星期之后，气味变得更淡，它依然能记住这片载玻片，从其他载玻片中将其辨出。另外，这种动物能嗅出同卵双生子的身份，并且可以寻索两个人中任意一位的踪迹，尽管他们看上去就跟一个人一样。

我们脚底下的化学物质也在标记着自我，其准确度和特异度就如同人类在同种移植的过程中组织识别膜表面抗原一样。

其他动物也拥有类似的信号机制。行进中，每个纵队的蚂蚁可嗅出自己队和其他队的差别。即便是同种的蚂蚁，当它们蜿蜒前进时，唯有近亲才能追踪它们留下的痕迹，而其他却不能。有些蚂蚁，如食肉游蚁，生来就有能力捕捉奴隶蚁类的踪迹，它们会追踪到猎物的蚁穴，然后释放出特殊的气味剂，使猎物陷入惊慌溃乱之中。

鲦鱼和鲇鱼可以通过其特有的气味辨别出同类中的每一个成员。很难想象，鲦鱼独处时，每个都是独居者、存在主义者，都是独一无二、可辨识的个体；而处在群体中的鲦鱼，则表现得如同有机体内可以互相替换的部件，整齐划一。事实上，它们就是这样。

除了都是区别自我与非我，嗅觉问题和免疫学在当下存在的很多难题和困惑是一样的。据计算，一只野兔大约有一亿个嗅觉感受器。而且，这些感受器细胞以恒定的、快得惊人的速度更新，几天之内，就已从基体细胞发育成新的感受器细胞。有关嗅觉的理论堪称跟免疫识别的理论一样庞杂。如此看来，被嗅的分子形状很可能是最重要的。一般说来，气味剂是一些分子量小且结构简单的化合物。在玫瑰园里，玫瑰之所以是玫瑰，是由一种名为香茅醇的10碳化合物决定的，具体说，是由其原子的几何构型和原子间化学键的角度决定的。气味剂分子里的原子或原子团的特殊振动，或者说整个分子的振动乐曲，被当作好几种理论的根据，这些理论假定“锇频率”[3]是气味的来源。分子的几何形状似乎比组成分子的原子重要；任何一组原子，如果完全按照相同的构型排列，不管化学名称是什么，都会有芳香味。目前尚不清楚嗅觉细胞是怎样被气味剂激发的。有一种观点认为，感受器的膜上被捅了一个洞，之后启动了去极化过程；但有些研究者认为，这种物质可能跟存在特异性感受器的细胞结合，只是停留在那儿，有点像抗原对免疫细胞那样，以某种方式和一定距离显示信号。有学者提出存在特殊的感受器蛋白，不同的嗅觉细胞携带着用于接受不同基本气味的特殊感受器，但迄今为止还没有人成功地找到感受器，或命名那些基本气味。

训练细胞的嗅觉似乎是一种日常现象。让一只动物反复闻同一种气味剂，每次保持很小的剂量，其嗅觉灵敏度大大增强，这意味着细胞上可能增加了新的感受器位点。可以想见，在训练过程中，新的带有特定感受器的细胞群落被刺激而出现。经过训练，免疫学界的著名动物——豚鼠，可以非常神奇地用鼻子辨认出极少量的硝基苯，而不用借助弗氏佐剂或半抗原载体。经过训练的鲦鱼可以嗅出苯酚，甚至可以嗅出P-氯苯的苯酚溶液，浓度低至十亿分之五；而经过训练的鳗鱼可以嗅出苯乙醇，哪怕只有两三个分子。当然，鳗鱼和鲑鱼天生就能记住它们出生水域的气味，以便在海洋中靠嗅觉洄游产卵。当鲑鱼的嗅觉上皮接触了流经其产卵地的水时，嗅球中的电极就会放电，而来自其他水域的水流不能引起任何反应。

看到我们周围的动物有着如此神奇的感官技术，也许会莫名自惭形秽，甚至有些失落。有时，为消除这种失落感（或感官的缺失），我们会告诉自己，我们是在进化的过程中抛弃了这些原始的机制。我们总爱把嗅球看成某种考古学发现，而提到人脑中古老的嗅觉区时，也感觉像是些上了年纪、疯疯癫癫、无所事事的亲戚。

不过，实际情况可能比我们想的要好一些。比如丁基硫醇分子，即便少到只有几个分子，普通人基本就能闻到，此外，大多数人可以嗅出若有若无的一点点麝香。类固醇有奇异的气味，它们能散发各种各样麝香一样的、性感的气味。女人能敏锐地嗅到一种合成类固醇的气味，即环十五内酯，而大多数男人却不能觉察。

也许还有一些我们并未意识到的气味，其气味物质能迅速刺激我们嗅觉上皮的感受器，包括人与人之间不自觉、偶然交换的信息。维纳（Wiener）凭直觉提出，这种气味交流系统的缺陷和误解，可能还是精神病学未被探索的领域。他认为，精神分裂症患者可能因在接收自己或他人的信号方面有缺陷，而存在识别自我身份和客观真实方面的问题。

的确，精神分裂症患者体内有些部位可能有问题；据说，他们的汗液散发着一种特别的气味，已被确认为反-3-甲基己酸。

对于不同的生命有机体组成的共生系统来说，彼此之间用于通信的嗅觉感受器是至关重要的。蟹和海葵依靠分子构型确认彼此的伙伴关系，海葵和与其共生的小丑鱼也是这样。类似的装置还被用于自我防御，比如帽贝，它防御食肉海星的方法是将套膜外翻，使海星失去立足之地；帽贝能嗅到一种特异性的海星蛋白。公平地说，所有海星都制造这种蛋白，释放至周围的环境。显然，这套系统是很古老的，它的出现远在基于抗体的免疫识别系统之前，即依赖抗体确定我们的特殊性，识别出或熟悉或陌生的生命形式。我们已经知道，调控细胞抗原进行自我标记的基因和调控抗体合成而做出免疫应答的基因，有着密切的联系。抗体的合成可能来自共生关系中所需的感觉机制，如前文所述，后者出现的时间较早，可以避免共生活动失控。

惠特克（Whittaker）命名的种间信息传递物质是一切生物之间进行化学通信的普遍系统，涵盖了动物和植物。每一种生命形式都用这种或那种信号，对周围的其他生物宣布它的存在，为来犯者设限，或向潜在的共生对象发出欢迎的信号。最终结果是形成一种调节生长速度和占领地盘的协调机制。这显然是为了使地球维持稳态。

豪尔赫 · 博尔赫斯 (Jorge Borges) 在最近关于神话动物的寓言集中提出，许多善于思辨的脑袋都想象过球形动物的存在，而开普勒认为，地球本身就是这样的存在。在这个庞然大物体内，化学信号发挥着激素的功能，使各个盘根错节的工作部件保持平衡与对称，通过在各种生命形式之间长期不断地周转各种相关的信息，将马尾藻海里鳗鱼的境况传递给阿尔卑斯山脉的植物组织。

如果能把计算机做得足够大，大到能容纳下附近的星系，这是个有趣的问题。想想还有很多未解的谜题等待生物学家去解开，这让人非常开心，虽然不知道我们是否有足够的人力投入研究。

鲸鱼座

鲸鱼座 τ 星[4]（Tau Ceti）是颗距离我们较近的恒星，包含若干星系，类似我们的太阳系，是较有可能存在生命的星球。看起来，我们已准备好联络鲸鱼座，以及我们感兴趣的远在天际的天体。第一届外星智慧通信国际会议的首字母缩写还被有意地组合为 CETI，那次大会于 1972 年在亚美尼亚由美国国家科学院和苏联科学院联合主办。来自各国的顶尖物理学家和天文学家参加了会议，他们当中大多数人相信，外星上存在生命的概率很高，甚至很有可能存在外星文明，并可能已掌握了堪与我们匹敌的或更高端的技术。

基于这样的假定，与会者一致认为，基于速度和成本的考虑，最常用于星际通信的技术很可能是射电天文学。他们正式提议，可以组织一个国际合作项目，用巨大的新型射电望远镜探测空间深处，寻找有意义的电磁信号。最终，我们可以有计划地发出一些信息，然后开始接收应答信号，但在当下的初级阶段，更实际的问题似乎还是捕捉外星人之间的对话。

因此，最基本的生物学研究将动用我们最尖端的科学和最复杂的技术，甚至还包括某些社会科学。

仅仅在过去的十年中，地球似乎变成了狭小而局促的所在。我们有一种被限制、被封闭的感觉，这感觉好比在一个山沟里长大，很想看看外面的世界。从我们获得的照片来看，火星的表面黑暗、坑坑洼洼，依然没有生命迹象。我们的疆域并没有被拓展，反而凸显了周围环境令人不满的境况。晌午的蓝天，纵然万里无云，已失去了昔日的广袤深邃。天空并不是无垠的，它是有边界的。实际上，所谓的蓝天不过是我们的屋顶，是我们生活于其下的一层膜，明亮，但在阳光强烈时又会产生令人费解的折射。我们可以感觉到头顶几英里处的穹顶。我们知道它足够韧、足够厚，当坚硬的物体从外部撞上它时，会迸出火光。地球的彩色照片比外界的任何事物都更让人惊叹：我们生活在一座蓝色的宫殿之中，一个我们自己吹出的气泡之中。外层天空漆黑一团，令人惊骇，那是一片开放的领地，让人不由得要去探索一番。

那我们就开始了。要是一位外星胚胎学家一直仔细地观察我们，可能就会得出结论：地球的形态变化在正常进行，神经系统初现雏形，以城市形式出现的神经节已有相当大的规模，现在又分化出直径数英里的盘状感觉器官，时刻准备接受刺激。不过，他很可能纳闷我们是怎么相互联系的。我们正逐步进化为斯金纳[5]箱里的斯金纳鸽：四下瞅望，试图建立联系，到处探测。

当第一个词从外太空传来时，我们很可能已经习惯于这种说法了。至于地球或外星的生命起源，我们已经能提供相当不错的解释了。如果一个湿润的行星上有重组的甲烷、甲醛、氨和有用的矿物质，在适当温度下，受到雷电轰击和紫外线的照射后，生命几乎可以在任何地方诞生。尚待解决的难题是怎样让那些聚合物组成膜进而复制。剩下的事就畅通无阻了。假如它们遵循我们的方案，那么，首先会有厌氧生物，然后再有光合作用，释放最初的氧气，然后有呼吸生物，变种迅速增多，后来是新物种形成，最后有了某种意识。这些似乎讲起来很容易。

当第一次发现别处有生命迹象时，我们可能会比较容易接受。但我怀疑，当我们从最初的惊讶中回过神来，点头问好、微笑致意之后，我们恐怕就要震惊了。我们差不多一直都是独善其身，独一无二，因此很难面对这样的事实；我们周围那无限大的、转动的、钟表一样的宇宙，它本身就是活的，只要条件适合，便能随时产生生命。毫无疑问，我们会照既有生命的样式去进行联系，释放出我们的细丝，伸长我们的菌毛，以此做出反应，但到头来我们不免会觉得自己比任何时候都渺小，小到像单个细胞。不过也会感觉到相当新鲜，这还要人去慢慢适应。

不过，第一届外星智慧通信国际会议的与会者想必正为这个睡不好觉，这是个直接的问题，还是一个实际得多的现实问题。不妨设想，在遥远空间的某个地方的确存在有感觉的生命，并且，我们能成功地与其取得联系。那么，我们究竟能说些什么呢？如果它离我们有一百光年，甚至更远——看来很可能是这样，我们的谈话就要有很长的停顿。仅仅是我们开始谈话的那些寒暄——从这头的“喂，听得到吗？”到传来那头的“听见了，你好！”——就得至少两百年。找到志同道合之人时，我们也许已经忘了要说什么。

我们可以碰碰运气，把宝押在我们技术的正确性上，像群发消息一样，发出关于我们自己的消息。但我们得仔细选定要说的内容，那些事必须在我们心目中有长久不变的意义，不管我们提供什么信息，两百年后，对于我们而言还必须有意义，而且必须仍然重要。否则，谈话会让有关的人觉得啼笑皆非。正如我们已经看到的，两百年后，思路很容易断。

如果技术允许，首选应该是发出音乐，这应该也是最保险的选择。当我们向太空中其他生命描述我们是什么样子时，音乐是最好的语言，因为它的模糊性最低。至于哪种音乐，我要把票投给巴赫，将巴赫的全部乐曲源源不断地播向太空，一遍又一遍。当然，我们这是在炫耀。不过，面对新相识，将自己最好的一面展示出来，不那么体面的一面留在以后讲，是情有可原的。说句公道话，比起其他可能的选择，比如《时代周刊》，或联合国的历史，或美国总统演说等，音乐能更好地显示我们的真实面貌。当然，我们可以发送我们的科学，但是，不妨想一想，两百年后，来自那头礼貌而不失尴尬的评论传到我们这儿时，我们会多么惶恐呀。不论在今天看来多么热门的项目，到那时一定会过时，会变得无关紧要，甚至是滑稽可笑的。我想，还是应该发送音乐。

也许，如果技术可以实现，我们应该发送一些绘画。没有什么东西能像塞尚的画作那样，更好地向外星人描绘我们星球的样子。在塞尚的笔下，一个苹果分明是一半果子一半世界。

我们应该问什么问题呢？做出选择是很难的。每个人都认为自己的问题特别，应该先问。你们那里最小的粒子是什么？你们认为自己是独一无二的吗？你们也感冒吗？你们有没有比光快的东西？你们总是讲真话吗？你们会哭吗？这样的问题没完没了。

也许，我们应该等一会儿，直到决定我们想知道的是什么，然后再坐下来商讨细节问题。毕竟，开头语才是最主要的问题：喂，听得到吗？如果回答是：听到了，你好。那我们也许想在那儿停一停，考虑这问题，多花点时间想一想。

长期的习惯

尽管我们已经对生物学有了更多、更深入的理解，但对于死亡，我们仍然像我们的祖先一样纠结和逃避。我们既厌恶谈论，也不愿想到这个问题。认为这是上不了台面的事情，就像旧时公开讨论性病或堕胎一样。大规模的死亡倒没有以同样的特殊方式让我们不安：我们可以团团围坐在晚餐的桌边谈论战争，可能六千万生命一朝灰飞烟灭。谈起这个，我们就像在谈论坏天气一样。我们天天在影视节目里观看血淋淋的突然死亡，甚至没有眨一下眼睛，没有流一滴眼泪。只是当死亡的人数很少、距离我们很近的时候，我们才如热锅上的蚂蚁一般急得团团转。问题的核心乃是自身死亡的赤裸和冷酷。这是我们唯一绝对确定的真实，而且说不得、想不得。也许，相比古人，我们更不愿意直面死亡，因为我们心中偷偷地盼望着它可能会消失。

我们偷偷地认为，我们似乎已经有很多奇妙的方法来驾驭自然，只要变得更聪明些，比如明年，我们也许就会避开这一核心问题。

托马斯·布朗爵士（Sir Thomas Browne）曾说："活着，这一长时间的习惯使我们厌恶死亡。"现下，习惯变成了一种瘾：我们执迷于活着；它牢牢缠住我们，我们牢牢缠住它，而且越缠越紧。我们并不会想要戒除这一习惯，甚至当活着已失去原来的热情，甚至连对热情都失去热情之后。

为了赶走死神，我们在技术之路上已经走了很远，可以想象，我们也许能更久地拖住死神的脚步，寿命或许能比得上俄罗斯的阿布哈兹人，据说他们能健康地活过一个半世纪。"假如我们能够摆脱某些慢性疾病、退行性疾病，以及癌症、脑卒中和冠心病，我们就会一直活下去。"这话听起来很吸引人，也很合乎情理，但一点也靠不住。假如人类没有了疾病，我们在生命的最后十来年，也许可以过得从容一些，但生命可能仍然会照着跟现在差不多一样的时间表终结。我们可能像不同遗传谱系的老鼠，或者像海佛烈克[6]不同的组织培养系，在程序设定的天数内死去，起定时作用的就是它们的基因组。如果事实如此，我们都要老去，有些人可能在60多岁就已形销骨立，而另一些人的老去会晚得多，这要依遗传的时间表而定。

假如我们真能摆脱今天的大多数疾病，甚至摆脱所有的疾病，我们可能仍将消逝在风中，仍然要死亡。

我的大多数朋友并不喜欢如此看待死亡。他们更愿意理所当然地认为，我们之所以会死亡，只是因为我们生病了，死亡由这种或那种致命的疾病所致，假如没有这些疾病，我们就会永远地活下去。即使是生物学家也选择这样想，尽管他们的工作中充斥着死亡绝对不可避免的证据。万物都会死亡，我们周围的一切，树木、浮游生物、地衣、老鼠、鲸鱼、苍蝇、线粒体，概莫能免。对于最简单的生物的消逝，有时人们难以认为那是死亡，因为它们留下的DNA片段似乎比我们更像是生命的一部分（并不是有什么根本的不同，只是看上去是这样）。苍蝇不会一个接一个地染上疾病。它们只是按照苍蝇的方式衰老、死亡。

即便在我们所生活的社会里，长寿之人未必是开心的，但我们依然渴望活下去。如果我们能先找到让自己开心的事情来打发漫长的一生，然后再用新技术来延长寿命，那可能才是幸事一桩。相比枯坐在大门口一遍又一遍地看手表，世间肯定能找到更令人开心的事情。

如果我们不是如此地惊惶于辞世时的痛苦，我们也许就不会如此迫切地想延长生命。尽管我们在生物学其他方面取得了令人瞩目的进展，可关于死亡这个无人能免的过程，我们掌握的信息还少得惊人。似乎是我们不希望了解它。即使抛开罹患疾病的痛苦，只是孤立地想象死亡，我们对它依然充满恐惧。

有迹象表明，医学已经对死亡表示了新的兴趣，部分是出于好奇，部分是由于尴尬的发现，我们处理因病死亡的技巧似乎尚不如过去的医生，彼时，他们并不认为疾病是一个个的敌人，也不会认为疾病有时是可以战胜的。在病人临终之际给予陪伴和安慰是一个好医生最难，也是最重要的服务，这些通常是发生在家里。现在，这些却发生在医院，并且是悄悄进行的（人们之所以越来越惧怕死亡，也许是因为相当多的人对死亡全然陌生，他们从未真正在现实生活中亲眼见过死亡）。有些技术允许我们否认死亡的存在。我们将对生命的短暂体验延伸到某个细胞群中，就好比我们在维持旗子屹立不倒。死亡并不是突然发生的事；细胞一个接一个地死亡。如果你愿意，你可以在生命之光熄灭几个小时之后，把细胞大量救活，还可以培养它们。不可逆的死亡最终传遍身体的所有部位需要几小时，甚至几天的时间。

也许我们很快就会重新发现，死亡并不是一件太坏的事。威廉 · 奥斯勒爵士[7]就曾持有这样的观点。他不赞成人们谈论死亡的痛苦，坚持认为并没有那回事。

在一本 19 世纪关于非洲探险的回忆录中，有一个关于大卫 · 利文斯通的故事，讲述了他的一次濒死经历。他被一头狮子抓住，那头野兽撕开了他的胸膛，千钧一发之际，因为朋友打了一枪，他才死里逃生。他很清晰地记着每个细节。他惊奇地发现，将死之时是一种平和、镇静和完全没有痛苦的感觉。于是他构建了一种理论，认为所有动物都有一种保护性的生理机制，会在死亡的边缘开启，穿透一团平静的迷雾到达彼岸。

我只见过一次死亡的痛苦，发生在一个狂犬病患者身上。在长达 24 小时的过程中，他极其清楚地知道他自我涣散的每一步，直到最后一息。由于狂犬病特殊的神经病理学规律，患者的保护机制似乎无法开启了。

随着越来越多的心脏病人有过经历死亡，之后又活过来的经验，我们有新的机会能从那里得到死亡生理学的第一手资料。根据第一批心脏停搏后复苏的病人的情况来判断，奥斯勒似乎是对的。那些记得全部或部分情节的人并没有回忆起任何恐惧或痛苦。有些人看上去似乎已经死了，但在整个过程中一直保持清醒，他们产生了一种奇异的超脱感。一名冠状动脉梗死的病人，在医院门前心脏停止了跳动，所有标准都表明他已经死了，但几分钟后，在电极的刺激下，心脏重新起搏，呼吸也恢复了。据他的描述，他感到最奇怪的是，尽管有那么多人围在身旁，急匆匆地走来走去，紧张地处理他的身体，他所有的意识却是平静的。

最近有学者研究了阻塞性肺病患者对死亡过程的反应，发现医生旁观死亡过程要比患者感受到的痛苦更甚。大多数病人看上去在泰然地迎接死亡的到来，好像有种熟悉感。一个老太太曾回忆，死亡过程中唯一痛苦和沮丧的部分是死亡被中断。有几回，她被施以所谓正统的治疗措施，以保持她的氧供应、纠正体液和电解液紊乱。但每一次她都感觉活过来是一种折磨。她十分讨厌她的死亡过程被打断。

我自己都会吃惊于我竟然怀有死亡无所谓的想法，但也许并不该吃惊。毕竟，死亡是一种最古老、最基本的生物机能，和我们早已习惯的其他生命活动（生、老、病）一样，它的机制同样复杂精密，对有机体的贡献同样卓著，各阶段参与调控的基因同样丰富。

如果说死亡最初的阶段是一个协调统一的生理过程，那仍然有一事尚未解释，就是意识的永久消失。我们永远都搞不清这个问题吗？意识到底跑哪儿去了？莫非它只是卡带，遗失在淤泥中，抑或被废掉？考虑到任何复杂难解的机制都有用武之地的自然规律，意识消失似乎是违反自然规律的。我更倾向于认为，它通过某种方式脱离了附着的纤维，然后就如同一口气一样，重新回到最初释放出它的膜里，成为生物圈神经系统新的记忆。然而我没有数据来证实。

这要留待另一门科学去研究。也许如某些科学家所认为的，由于某种不确定性，仅仅是“看”这个行为就会使死亡变得飘忽、模糊，从视野里消失，因此，我们永远不可能研究意识。如果真是这样，我们就永远不会知道实情。我羡慕我那些相信心灵感应的朋友。很奇怪，在我所认识的科学家中，似乎欧洲科学家更愿意相信它，也能以更轻松的态度看待。他们所有的姨妈都接收到了“心灵感应的信息”，于是，他们就坐在那儿，很容易就可以获得意识转移的证据，一门新的科学也就诞生了。姨妈若是找错了，从来收不到一点感应，可真是令人沮丧呵。

曼哈顿的大力士

又是昆虫。

群居性昆虫聚居成群后，会发生质变，会不同于它们独居或成双成对时的样子。单个蝗虫是安静、审慎、固着的动物。但当一群蝗虫融入另一群蝗虫时，它们就会变色，内分泌显著变化，变得激动，活动加剧，直到足够多的蝗虫摩肩接踵地紧挤在一起时，它们就会振动，嗡嗡叫，能量赶得上一架喷气式客机，于是便轰然起飞。

沃森（Watson）、内尔（Nel）和休伊特（Hewitt）三人曾经从野外收集到大量白蚁，成群或成对地放在一起观察。放在一起的白蚁变得越来越友好和活跃，但没有产卵或交配的意向；相反，它们会缩减摄水量，注意自己的体重，其飞行肌肉内的线粒体代谢活动增加。成群的白蚁会不断地用触角互相接触，而这似乎是中心监管机制。关键是被动接触其他白蚁，而不是主动接触。即使去掉触角，只要频繁地被其他白蚁接触，任何白蚁都可成为群体中的一员。

孤立、成对的白蚁又成了另一种事物。一旦从蚁群中分出来，与周围白蚁的身体接触一停止，它们马上变得富有攻击性，冷漠刻板。它们开始强制性地饮水，不再互相接触。有时它们甚至咬掉彼此触角的末端部分，以消除诱惑。暴躁易怒的白蚁终于安下心来，要在这种不利环境中尽可能过得好一点。它们开始准备产卵，照顾新孵出的幼蚁，同时，飞行肌中的线粒体停止活动。

最具群居性的动物只能适应群体行为。离群之后的蜜蜂和蚂蚁除了死亡别无选择。谈不上什么独立个体的生命形式，它并不比从你皮肤表面脱落的细胞更具生命力。

与其说蚂蚁是独立的实体，不如说它像是组成某种动物的部件。它们是活动的细胞，连接彼此的是致密的结缔组织，它们在由其他蚂蚁组成的枝状网络中循环。条条线路交织得这样致密紧凑，使得蚁穴符合有机体的所有基本标准。

弄清楚蚁穴通信系统的运行机制是非常棒的。通过不断相互触碰，交换上颚随身携带的白色物质，它们就能把外界的信息传遍整个蚁穴：食物放在哪里，敌人离它们有多远，是否需要维修蚁穴，甚至太阳的方位。据说，登山运动员在阿尔卑斯山脉，会用变形虫形状的细长蚁穴作为指南针。蚁穴会管理整个机构的事务，使其各个蠕动的部件协调一致，保持通风、清洁，持续四十年之久，通过长长的触角取来食物，养育幼仔，捕获奴隶，种植庄稼，并不时像要生儿育女一样在近处生出亚群落。

群居性昆虫，特别是蚂蚁，已成为各种寓言的素材。它们给人以勤劳、互相依赖、利他、谦卑、俭朴、耐心等印象，它们被用于我们社会道德领域的各个方面，从白宫直到街边的储蓄所，时时处处教导着我们。

而现在，它们终于成了一种艺术形式。纽约某画廊展出了人们收集到的两百万只活的兵蚁，那是从中美洲借来的，以单个群落的形式展出，主题为“图案与结构”。它们被陈列在沙子上，放在一个大方匣子里，四周是塑料挡板，高得足以防止它们爬出来，爬到曼哈顿的街上。作品的作者根据自己的灵感和蚂蚁的口味，在不同位置放置了食物，并不断调整食物的位置，而那些蚂蚁就自动形成一些长长的、黑乎乎的、绳子一样的图案，延伸开来，像扭动的肢体、手、手指，爬过沙地，排成月牙形、十字形和长椭圆形，从一个站点伸到另一个站点。身着冬装的人们排着整齐的队凝神观看。蚂蚁和纽约客们共同组成了一幅抽象画，一座活动的雕塑，一幅行动画，一种行为艺术，一个事件，一场拙劣的模仿秀，只是视角不同。

我可以想象，那些人围绕着塑料挡板移动脚步，肩挨着肩，有时碰碰手，交换一点信息，点点头，有时笑笑，像纽约人惯常那样随时准备一有风吹草动就逃之夭夭。他们身上的线粒体开足了马力。他们围绕大匣子以整齐的队列移动，有分寸地、互不伤害地簇拥着往下看，点点头，然后退开，让新来的人进来。从远处看，围着装有长蛇状兵蚁群的白色塑料匣子的人聚集在一起，交头接耳，一遍又一遍地咕哝着，这些人看起来绝对是令人惊异的物种。他们莫不是从另一个星球上掉下来的?

很可惜我没能亲眼看见这一切。待我从电视和早报上得到了这消息，按捺不住地想要去曼哈顿时，却得知那些兵蚁全都死了。

艺术形式彻底解体了，就像英国画家弗朗西斯 · 培根绘画作品中那些爆炸消失的脸一样。

没有任何解释，除了那个没有被证实的传言：可能是周末画廊的冷流造成的。星期一早上，它们懒了，活动不那么频繁了，没生气了。然后兵蚁开始死亡，开始是一部分，然后是另一部分，一天之内，两百万只蚂蚁全部死亡，被人扫进垃圾袋里，丢到外边，再由清洁车吞食、消化。

这是个悲凄的寓言。对其寓意我没有把握。但我想，这一定跟那塑料有关系，还有离开土地的距离。从中美洲丛林的土地到画廊的楼板距离很远，特别是你能想到，曼哈顿本身也是悬在某种水泥台上，由一些电线、煤气管道和供水管道的网络支撑着的。但我想主要还是塑料。在我看来，这是迄今为止人类造出的一切东西中最反自然的东西。我不信你能把兵蚁从地上悬起来，悬在塑料上，悬一段时间。它们会失去接触，耗尽能量而死去。

人总是不假思索地一脚踩在蚂蚁身上，一下就是一只或一小群，天天如此。但多达两百万只蚂蚁组成的庞然大物死了，我感到深深的同情，或者说是五味杂陈。我顿时心情焦躁，特别是想到曼哈顿和那个塑料台，我放下了手中的报纸，伸手从书架上拿起一本书——我知道其中有一段，恰好是此时此刻所需要的宽心丸：

> 人们将群居性昆虫和人类社会放在一起做了很多类比，这并不意外。然而，从根本上说，这些类比是错误的，没有意义的。因为，昆虫的行为是严格刻板化的，是由内生的指令机制决定的；它们很少甚至全然没有学习能力，它们缺乏根据多代累积的经验发展出社会传统的能力。

当然，只有我一个人读还只是一种不完全的安慰。要获得充分的效果，需要好多人齐声朗读。

海洋生物学实验站

一旦你和我一样，惊讶地意识到我们是一种群居动物，你就会留神寻找各种证据，以证明群居对我们来说是件好事。你环顾四周，寻找我们无意中从事的集体事业，寻找我们个人可能不知道自己在做什么，却是集体共同完成的东西（如同马蜂共同搭建马蜂窝一样）。如今，这是令人沮丧的事业。消耗我们最多精力，并且由人类共同完成的事业当属语言，但由于语言结构如此庞杂，发展又如此缓慢，因此没有人能觉察到个人的参与。

比如国家，或空间技术，或纽约城，似乎不至于那么渺无边际、无穷无尽，凭我们的头脑似乎可以参透个中道理，但也总是让人沮丧。

只有在非常小型的事业中，我们才能稍感宽慰。坐落在伍兹霍尔的海洋生物学实验站（Marine Biological

Laboratory, MBL）就是一个范例。MBL 俨然是一个拥有生命、掌握自己命运的机构，不断地进行自体繁殖，在周围好事之徒的不断插手下改进、提高。MBL 被人为地拼凑在一起，再被赋予生命，维持到今天日臻成熟的状态，日后还将继续发展，日益复杂，而这一切都是拜“一伙人”所赐。百年来，不管是主事的名士，无数个季节性大驾光临的委员会，还是名义上拥有和掌管它的六百人大集团，甚至包括董事们，都不过是远远地捻着这个机构的法绳。MBL 似乎有自己的思想，也有自己的主意。

自 1888 年成立以来，一代接一代的“一伙人”一直在共同建造 MBL，尽管看上去 MBL 从来都没有组织完备过。其实，开始建设 MBL 的时间还要更早一些，早在 1871 年，马萨诸塞州的伍兹霍尔被选为海洋渔业局的驻地。新闻称，这里是湾流和北部近海海流的交汇处，在这里可以见到各种各样的海洋生物和海湾生物，以及各种可供观察的鸟类。波士顿的学术研究人员“南漂”到这里，四处看了又看，然后对一些问题和现象予以解释，于是，伍兹霍尔的学术生涯就此正式扬帆起航了。

起初，MBL 发展较为缓慢，但基本在稳步前进，不时地会建起新的大楼，担负起新的职能，规模不断扩大。每年夏天，吸引着来自世界各地的学生，越来越多的生物学家慕名来到这里。今天，它成为美国唯一的国家级生物学研究中心；它是没有官方冠名的（迄今也没有官方资助）国家生物学实验站。它对生物学研究的影响，抵得上美国多数大学的总和，这要归功于它每年会在全世界遴选顶尖科学人才来从事科研和教学。如果您四处打听一下，就会发现，当今生物学和医学界的领军人物，起初都是被这里的夏季生理学课程带领入行的；更多的人是在夏季到这里的实验站访问时，迸出了好点子，从而开展了关键性的实验。还有一些人只是来度假，结果就学到了足够好的理念，可以让远在国内的实验站整年忙个不停。据统计，先后有三十位诺贝尔奖获得者曾经在MBL工作过。

令人惊讶的是，在科学界有如此影响力的学术机构能够保持绝对的自主性。当然，它有各种关系掣肘，也有一些与其他大学联合培养的研究生项目，和同一条街上的伍兹霍尔海洋学研究所更是保持着微妙又疏离的关系，但它从没有被外界任何机构或政府部门所支配，也没有听命于任何外部团体的指令。在其内部，机构的重要决策似乎总是随着目标的不断变迁而调整。

在MBL，科学家借鉴无脊椎动物的眼睛，发明了一种光学仪器，为现代视觉生理学开辟了新的道路。伍兹霍尔乌贼巨大的轴突为神经生物学的创立提供了重要的武器，而如今神经生物学已大放异彩。在这里，发育生物学和生殖生物学从海胆卵研究开始，茁壮成长，已被认可和定义为新的科学。海洋生物的模型在研究肌肉结构与功能初期是至关重要的，关于肌肉的研究已成为 MBL 优先发展的研究方向。在很早之前，生态学就已是一门严谨的产业化科学，大概几十年后才被我们所熟知。近年来，一些新的领域也在拓展和加强，生物膜、免疫学、遗传学、细胞调节机制的研究都在蓬勃发展。

你永远无法预知何时能从寻常事物中发现新鲜事物。人们发现，海星身上的阿米巴细胞是一种与高级生物体内免疫淋巴细胞产物类似的物质，能使哺乳动物的巨噬细胞失去活动能力。海兔是一种海生的蛞蝓，看上去似乎百无一用，而一些神经生理学家发现其实它们全身都是科学真理。鲎是世界上最古老的动物之一，却频频登上报端。科学家发现它体内有一种物质，能检测出极少量的革兰氏阴性菌内毒素，制药公司已经嗅到了商机，试图将其用于监测不含致热原的物质。很快，鲎可能就会像龙虾一样上市了。

我们绝对没有可能预知 MBL 这个机构的未来。它总会以这样或那样的方式演进。它可能会很快就进入新的阶段，会规划一整年的教学和科研项目，也可能每年招募新的工作人员，但它在实现这些目标时，绝对不会须臾影响其夏季计划，不然，机构可能会分崩离析。如果研究生项目还要继续扩招的话，它得继续寻找与其他大学建立新的关系。它还必须跟海洋学研究所发展新的共生关系，因为两个单位有着千丝万缕的联系。还有，在不失去任何自主性的前提下，它还要筹集更多的钱，比现在多很多的钱，多到只有联邦政府才能负担得起。

接下来的几年里，它将是一个颇值得观察的地方。在理性的世界里，MBL 应该能像过去一样顺利开展工作。它应当拥有更机敏和更庞大的集体智慧。关于地球生命，如果你能想出好问题，那么，这里绝对是寻找答案的好地方。

事实上，它现在就是这样的。你可以先从它附近的海滩观察，那海滩的功能类似于某种神经节。它叫作石滩，过去曾满是让人踩着发疼的碎石。不过，很久以前，迫于枕边风的压力，某科学委员会筹集到了足够的资金，为它铺上了一层沙子。石滩是这里最小的海滩，小到只能勉强容下一个委员会的人，但因离实验站很近，研究员们可以在阳光明媚的工作日，一路走过来跟孩子们一起享用简单的午餐。有时，理论物理学家会过来，他们往往是在美国科学院夏季驻地开会，只有几分钟的闲暇，终日疲于各种涉密事务，神情惨淡。这些物理学家是另一个物种，皮肤苍白，搭一块遮阳的毛巾，一副不食人间烟火的样子，脚板过于敏感，走在沙子上也是蹒跚而行。

一个五岁左右的小男孩，戴着近视眼镜，从水中冒出脑袋来；奇怪的是，他的头发滴着水，眼镜却是全干的，看来他的技术已经十分娴熟了。在谈话声中，他径直走向他的妈妈。那位妈妈正在解释叶绿体 DNA 和细菌 DNA 之间的同源性。他慢慢地摇着头，惊奇地看着手中一抹棕色凝胶状的东西说："那片水真有趣。"这片水域的确是非常有趣的，甚至连小孩子看来都是。

在炎热的仲夏，你可以在周末看到治理机制的运行：海滩上很挤，人们得踮着脚来回穿行，方能找见一块歇息的地方。但不管怎样，总是有很多人站着。生物学家似乎很喜欢站在海滩上聊天，他们不时地打着手势，弯下腰在沙子上画着图形。到夜幕降临的时候，海滩上已横竖交叉着乱七八糟的纵坐标、横坐标和曲线——为了解释自然界的各种事物。

即使在很远的地方，未见其人，已闻其声。你可以远远地听到海滩上传来的声音，那是世间最不同凡响的声音，一半像吼叫，一半像歌声，掺杂着各种抬高的音调，那是人们在向彼此解释着什么。

星期五的晚间讲座是 MBL 每周一次的大事，来自世界各地的客座演讲者来到这里，报告他们最激动人心的研究成果。当听众涌出礼堂时，人群中会再次传来欢腾的高音。他们飞速地互相解释着什么，以大脑能跟得上的最快速度。你不可能在一大堆单词中辨认出单个的单词，只能听到那个反复出现的短语"可是你听我说"不断地从语言的潮水之上浮出水面。

没有多少机构能够像 MBL 一样，每年夏天都能创作出如此随意的音乐。这真需要灵秀之所钟，而 MBL 似乎正是得天独厚。也许，这是我们建造语言的一种方式。这里的规模很小，而且并不清楚它是怎样运行的，但是在我们还不能完全理顺、彻底想明白之前，这里也许是个颇值得思考的好地方。

自主

在打字机的键盘上敲字，就如同骑自行车或在小路上溜达，最好是不要用一点脑子。一旦动用脑子去想下一步的动作，你的指尖就会变得笨拙，敲到错误的键上。在从事熟练工种时，你一定得放松与每一个动作有关的肌肉和神经系统，让它们各就各位，你自己则不要在里面搅和。这并不意味着丧失了权力，因为你要决定干或不干，而且你可以随时干预，改进技巧。假如你想倒骑自行车，或者走路要走出别出心裁的慢跑步法，每到第四步就轻跳一步，还要边跑边吹口哨，你可以那样做。如果你想对每个细节都全神贯注，保持每块肌肉始终处于紧张状态，每一步都让全身自由落下，但到最后时刻控制住自己，及时伸出另一只脚阻止下落，到末了你将累得趴下，累得抖成一团。

在学习这种无意识协调动作的过程中，幸运的是我们有选择和变化的自由。假如我们生来就具备所有这些技巧，像蚂蚁一样自动化，那我们一定会失去多样性。如果走路或蹦跳的人都一样，从来都不会从自行车上摔下来，世界将不会这么有趣了。假如我们按照遗传程序的设定，生来就会熟练地弹钢琴，我们也许永远都学不会理解音乐了。

身体内部结构的运行往往是复杂的，颇具协作性和技巧性，自有一套规则。我们不需要学任何东西。我们的平滑肌细胞生来就带有全套指令，一点也不需要我们的帮助，而是始终按自己的计划按部就班地工作，调节血管的口径，通过肠道运输食物，根据全身各系统的要求，开启或关闭某个通道。分泌细胞秘密地制造着它们的产品；心脏收缩和舒张；激素被分泌和运输到细胞内，跟细胞膜不声不响地进行反应，开始或停止释放腺苷酸环化酶、前列腺素以及其他信号；细胞之间靠互相接触进行通信；细胞器向别的细胞器发出信息。所有这些都在不停地进行，我们不需要说一个字。整个安排是一个生态系统，其中每一部分的操作都由其他部分的状态和活动制约着。事情通常是顺利地进行，这是一个万无一失的机制。

不过，对于这块长期以来被认为不可侵犯的内部领地，其自主性已经引发了一些争论。实验心理学家已经发现，内脏器官用条件反射这个工具可以被教着去做各种事情，就像小男孩学骑自行车一样容易。一旦根据信号，按照老师的要求，完成某一件事，就马上给予合适的奖励来强化，这样就完成了学习。通过刺激其大脑中的“快乐中枢”，老鼠被教会看见信号就加快或减缓心跳，或改变血压与脑电图的波形。

同样的技术已被应用于人类，当然，给予的奖励不一样，而其结果是惊人的。据称，你可以如愿使自己的肾脏改变尿液形成的速度，升高或降低血压，改变心率，绘出不同的脑波。

这是不是疾病预防和治疗的突破，已付诸讨论。照支持者的说法，技术完善并拓展之后，一定会为治疗带来新的可能。如果像报道的那样，经过训练的老鼠能将一只耳朵的血管扩张得比另一只耳朵大，那么，在自我调控和机体运作方面，人类将大有可为呢！文学杂志里已经有了神秘的广告，推销一种电子耳机，可以根据自己的品位训练并调节自己的脑波。

您也许值得拥有（但我还是算了）。

这绝对不是刻意贬低它的意思。我知道，这种技术是极其重要的。它使得人有希望自己说了算，由自己发号施令，像操控玩具火车一样控制自己的细胞活动，人们理所应当感到欢欣鼓舞。试想，既然知道内脏可以学习，我们自然会想到，这些年来我们忽视了它们，而且会想到，通过恰当地运用人的智慧，就可以训练这些原始结构去做所有符合标准的行为。

坦率地说，我的问题是缺乏自信心。如果明天有人告诉我，我将与我的肝脏直接取得联系，现在就可以指挥它，我可能会感到非常郁闷。还不如告诉我，丹佛城四万英尺*的上空有一架747喷气式客机归我了，我想怎么摆弄就怎么摆弄，毕竟之前我也只是坐过这种飞机的经济舱；如果归我的话，我还有希望跳伞逃命，当然前提是我能找到一个降落伞，并很快知道怎样打开舱门。但如果要我管理自己的肝脏，那我俩可就都没救了。因为，实事求是地讲，我远不如我的肝脏聪明。另外，我的身体禀赋注定了我没能力替肝脏做出决定。但愿我不是必须直接指挥我的肝脏，永远不要。我似乎总也不知道第一件事应该做什么。

对于我身上的其他部件，我有着同样的感觉。不管它们干什么，我相信没有我的干预，它们都会做得更好。理论上，指挥脑子的工作或许有些诱惑力，但我无法想象在现实生活中这样做。我会毫无章法，乱七八糟，错误百出，丢三落四。我怀疑我会毫无头绪。我的细胞或出生，或分化，各得其所，清楚地知道如何协同作业。如果我插手进来组织它们，它们会反感，也许会被吓坏，没准儿会一窝蜂地逃难到心室里来。

* 1英尺约为0.3米。——编者注

但我说过，这毕竟是一种诱惑。我从未真正对大脑满意，尝试着自己去运转一次大脑，只有一次哦，或许还挺好玩的。如果有机会，我想改变几样东西：有些记忆没留下太多痕迹就溜走了，还有一些却足够多了，我想要抹掉它们；有些想法我不愿意它们老是突然冒出来，还有一些总在脑海里转圈，就像现在这个。我一向怀疑有些脑细胞在消极怠工、消磨时光，我更希望看到它们能集中精力，踏踏实实地工作。同时，如果我来掌管，它们会稍微尊重我，听我指挥。

不过，权衡利弊，我想最好还是别多管闲事了。一旦开了头，责任就没完没了。我宁愿给我所有的自主功能尽量多的控制权，然后静观其变，静候佳音。设想，你还得担心白细胞的运转，像放牧一样，跟踪它们，竖起耳朵听着信号，不时地护其左右！一开始，你可能会为拥有所有权而闪过一丝自豪感，接下来就是疲惫和衰弱，并且没有工夫干别的了。

那怎么办？不能把这种技术放在一边了事。如果说我们从过往还学到了什么，那就是，一切新技术，不管有利有弊，迟早都要被开发利用，这是我们的本性。自主功能的条件反射也不例外。我们会被驱使着使用它，试图跟我们的内环境交流，去瞎掺和，费力不讨好地跟外界事物更加割裂，而错失了感受生活的机会。

出路何在？我有一个建议。如果我们有能力控制自主功能，调节脑波，指挥细胞，那不应该把完全相同的技术用于正好相反的方向吗？为什么不学着彻底分开、解除配对、解除附着，然后自由自在，而非要搅和进去掌控一切呢？假如你要试一试的话，你只需要小心点儿，别把安全绳也放开就行了。

当然，人们很早就在试图这样做了，只不过用的是其他的技术，而运气也并不怎么好。想一想，禅宗的射艺似乎就是这么回事。跟大师学艺数月之后，你学着做到无我地放箭，必须要让手指头放箭，让手指自己远远地放箭，就像花开一般。学会了这个以后，不管箭射往何处，都将是箭无虚发。你可以跳脱出去，到一边看景去。

作为有机体的细胞器

我们似乎正在经历一场生物学革命，虽然这场革命并没有搞得声势浩大、天翻地覆，甚至是波澜不惊的，至少至今如此。虽然尚不清楚它是怎么回事，我们却表现出习以为常的态度。这是一场令人好奇但又平和的革命。在这场革命中，人们并不会感觉到旧观念被贬斥和颠覆。相反，几乎每天都有大量新知识涌入，正好填补曾经的空白地带。DNA 和遗传密码的信息没有取代曾经的中心法则，并没有什么东西要被靠边放。分子生物学并没有排挤过去关于细胞功能内部细节的定论。我们好像是在从头开始、从零开始。

我们不仅把生物学革命视为理所当然，当我们谈论它时，似乎期待可以从中获利，就像 18 世纪的工业革命一样。我们想当然地把各种技术的革命性改变视为未来，从人类疾病的最终控制，到世界食物和人口问题的解决，无一例外。我们甚至已经开始讨论，我们喜欢什么样的未来，我们希望取消什么样的未来。基因工程的价值、单细胞克隆，甚至两个脑袋比一个脑袋聪明的概率等问题，已经成为辩论的主题。

迄今为止，我们似乎还没有为某种新知识真正感到震惊。或许有惊讶，也有惊愕，但并没有恐慌。期望这个也许为时尚早，但它可能就在眼前。

不过，开始寻找麻烦并非为时过早。至少于我而言，我从对细胞器的了解中，可以感知到一些麻烦。我从小学到的知识表明，细胞器是我细胞内看不见的微型引擎，由我或代表我的细胞所有和驾驭，是我聪明的肉体的私有财产，是在显微镜下也看不见的小东西。但现在看来，其中最重要的细胞器是全然陌生的。

证据是有力而直接的。在动物体内，线粒体内膜与细胞膜不同，而与细菌的膜结构最为相似。线粒体的 DNA 跟动物细胞核的 DNA 有质的不同，却酷似细菌的 DNA；另外，像微生物的 DNA 一样，线粒体的 DNA 是跟内膜紧密连接的。线粒体的 RNA 与细胞器的 DNA 相符，与细胞核的 DNA 却不相符。线粒体内的核糖体与细菌的核糖体相似，而不同于动物的核糖体。线粒体并不是细胞从头合成的，它们一直在那里，自我复制，与细胞的复制没有关系。它们从卵子传到新生儿；有几个从精子传下来，但多数来自母方。

同样，所有植物的叶绿体都是独立的、自我复制的住客，有着自己的DNA、RNA和核糖体。在结构和色素内容方面，它们是原核生物蓝绿藻的写照。有报道称，实际上叶绿体的核酸与某些光合微生物的核酸同源。

也许还有更多。有人提出，鞭毛和纤毛曾经是一些螺旋体，它们在有核细胞形成的时候跟其他原核生物融合。有些人认为，中心粒和基体是半自治的生物，有着自己独立的基因组。也许还有另外一些，尚未被人发现。

我只希望，我能够保留对细胞核的所有权。

令人惊讶的是，我们竟如此镇静地接受了这样的信息，好像它恰好符合我们一直就有的观念似的。实际上，早在1885年，就有人提出叶绿体和线粒体可能是内共生关系，试想，若是这一观点被确认，研究人员势必会跑到大街上振臂高呼。然而，这是一个静思的、勤勉的领域，工作井井有条地开展着，尤其在关注细胞器的分子遗传。对于它们最初是怎样到那儿去的，经过审慎的、有分寸的推论，目前已达成共识，它们很可能在大约十亿年前被较大的细胞吞噬，之后就一直留在了细胞内。

通常把它们视为被奴役的生物，它们被捉来为不能呼吸的细胞提供ATP，或者为没有光合作用装备的细胞提供碳水化合物和氧。主奴关系是生物学家最普遍的看法，这完全是基于真核生物做出的结论。但事物还有另外一面。从细胞器的立场来看，可以认为，它们很早就学会了选择最好的生活，它们过起日子来最安逸，而且它们和它们的后代不用冒险。它们跟我们不一样。我们一路进化而来，煞费苦心地制造出越来越长的 DNA 长链，冒着越来越大的危险——说不定哪一天会发生某种突变，把我们送到进化路上的死胡同。它们却相反。它们决定不再长大，安守本分。为达到这种目的，为保证自己尽可能延续持久，它们打入了我们和其他所有生物的内部。

线粒体和叶绿体一直保持娇小、保守和稳定，这无疑是件好事，因为从根本上讲，这两种细胞器是地球上最重要的有机体。二者携手，合作制造氧气，并安排它的用途。实际上，是它们在经营这个星球。

线粒体组成了我身体中很大的一部分。我算不出确数，但我想，若是把它们晒干了，体积跟剩下的我几乎一样多。如此看来，可以把我看作一个很大的、会移动的呼吸菌落，操控着一个由细胞核、微管和神经元组成的复杂系统，为细菌的家庭欢乐和生计工作着，而这时候，我正在操作着一台打字机。

我跟我的线粒体密不可分，还义不容辞地为它们做大量至关重要的工作。我的细胞核为每个线粒体的外膜编码，大量附着在线粒体嵴上的酶必须由我来合成。每一个线粒体都只会制造仅够自己存续下来的酶，剩下的都要由我提供。劳心费神的活儿都是我的。

既已知悉了所有情况，我开始为很多事情犯愁。比如病毒，如果我的细胞器的确是与我共生的细菌，它在我身上繁殖菌落，那么，我用什么办法能阻止它们感染病毒？或者，如果它们真有溶原性，我又怎能阻止它们把噬菌体传送给其他细胞器？然后还有我的产权问题。我的线粒体会全部跟我一块儿死去吗？我的孩子们会继承一部分我的线粒体，也有一部分来自他们母亲的线粒体吗？我知道这种事本不应该叫我犯愁，但它就是让我犯愁。

最后，还有我的身份这个大问题，甚至更高一层，还有我作为人类的尊严问题。当我第一次得知我的出身是低级的生命形式时，并没有在意。我原本以为人类的祖先是一个眉毛粗浓而突出、没有语言、多毛的类人猿家族，栖居在树林里，我也从未嫌弃过。说实话，作为一个威尔士人，知道自己已经进化得明显高于它们，我备感骄傲。能作为本物种改进过程的一部分，这是满足感的来源之一。

问题还不止这些。我以前从没料想到我的祖先是没有细胞核的单细胞。如果就这样，我也能忍了，但现在又加了一层羞辱，从某种真实意义上讲，我根本不是由某个祖先遗传而来，我一直是把所有这些东西带在身上，或者，也许是它们一直带着我。

既然是这么一个情况，还坚持要谈尊严就不好，最好还是放弃吧。这真是不可思议，它们就在这儿，在我的细胞质里到处游走，在我的血肉之躯内呼吸着，却是一帮陌生客。它们跟我的关系远不如它们彼此之间亲密，也远不如它们与山里野居的细菌密切。感觉它们像陌生客，但我又想到，同样的生物，完全相同的生物，也住在海鸥、鲸鱼、沙丘草、海草和寄居蟹的细胞里；再往近了说，也住在我家后院山毛榉叶子里，住在后院篱下那窝臭鼬体内，甚至也住在窗上那只苍蝇体内。通过它们，我跟这一切联系在了一起，我的近亲遍天下。对我来说，这是一则新的信息，我多少有点遗憾，我不能跟我的线粒体发生更密切的接触。如果集中注意力，我能想象自己感觉到了它们：它们不怎么蠕动，但不时有某种震颤。我禁不住想，唯有我更多地了解它们，了解它们是如何与我保持同步的，我才会有新的方式来理解音乐。

所有的共生关系似乎天生都是为了善，但这一种——很可能是最古老、最牢固的一种，似乎特别公平。一点也没有弱肉强食的样子，没有哪一方摆出一副仇敌的姿态。如果你要寻找一种类似自然法则的东西来取代19世纪的“社会达尔文主义”，你得从叶绿体和线粒体暗喻的生命意义中汲取教益。这很费力，但能找到。

细菌

看电视的时候，你可能会想，我们是在危机四伏中做困兽斗，被追逐我们的细菌包围，我们之所以能免于感染和死亡，那只是因为化学技术在护卫着我们，时时刻刻都在杀退众菌。电视指导我们要在所有地方喷洒消毒剂，卧室、厨房要喷，洗澡间尤其要使劲喷，因为我们自己身上的细菌是最危险的。我们喷出一团团的烟雾，为了好运，再掺上除臭剂，喷鼻子，喷口腔，喷腋窝，所有褶皱都是重点关注对象，甚至连电话听筒的内侧也不放过。即使很小的剐蹭伤口，我们也要敷上强效抗生素，然后再用塑料布（无纺布）严严实实地包扎起来。塑料已成为我们新的卫士，我们会把宾馆里的塑料杯再包上一层塑料膜，我们会像对待国家机密一样，先对马桶坐垫进行紫外线消毒，再塑封起来。在我们生活的世界上，种种微生物似乎总在图谋接近我们，想把我们撕裂成一个个细胞，我们只有小心谨慎严加防御，才得以囫囵个儿地活在世上。

我们依然认为，人类疾病的肇事者是一群有组织的、现代化的魔鬼。而在敌营中，最显眼、稳坐中军大帐的便是细菌。我们预想，它们喜欢惹是生非。它们千军万马到我们身上来逐鹿中原，疾病似乎是不可避免的，是我们人类的自然状态。假如我们成功消灭了一种疾病，总会有一种新的疾病环伺在旁，等着取而代之。

这些都是社会偏执的幻觉。究其原因，一半是因为我们需要敌人，一半是因为我们对过去记忆犹新。直到不过数十年以前，细菌还是真正的家庭之患。尽管大多数人都活了下来，可我们永远都记得死神离我们很近。我们总是带着家小出生入死。我们经历过大叶性肺炎、脑膜炎球菌性脑膜炎、链球菌感染、白喉、心内膜炎、伤寒、各种败血症、梅毒，以及遍布各个角落的肺结核。现在，大多数疾病已远离了我们，这要归功于抗生素、自来水、文明，还有金钱，但我们没有忘记过去。

然而，在现实生活中，即使在最坏的情况下，我们也从来都只是那个庞大的细菌王国较不关心的对象。细菌致病并非铁律。事实上，细菌致病的频次是非常低的，而且只涉及较少种类的致病菌，考虑到地球上细菌数量之多，这个现象看上去似乎有点古怪。疾病通常是共生谈判无果造成的，是共生双方中的一方或双方越过了边境线，是对生物界里边界协定的误解。

有些细菌只是在产生外毒素时，才对人类有害，而从某种意义上说，它们只有在自己生病时才会这样。白喉杆菌和白喉链球菌只有在被噬菌体感染时才产生毒素；为毒素的产生提供密码的是病毒，未被感染的细菌是没有获得密码通知的。白喉是由病毒感染引起的疾病，但染上病毒的不是我们。我们不是卷入了一场硬碰硬的比赛，而更像是不小心闯入了他人的麻烦。

有些微生物具有侵害人体的特殊能力，我可以想出几种，大概有结核杆菌、梅毒螺旋体、疟原虫，还有另外几种。但从进化论的意义上讲，它们能导致疾病或死亡，这对它们自己也没有什么好处。对大多数细菌来说，致病性也许反倒是它们的劣势，它们要冒的生命危险比我们的危险更大。一个人感染了脑膜炎球菌，即使不用化学疗法，致命的危险也不大。相比之下，倒霉的脑膜炎球菌染到了人身上，它们的生命危险却大得多。大多数脑膜炎球菌很精明，只停留在人体的表面，在鼻咽部待着。脑炎流行时，在绝大多数宿主身上，都是在鼻咽部发现病原菌，一般说来，它们只是在那儿好好待着。只有在原因不明的少数人身上，也就是病例身上，它们才会越线，这时双方就一块儿遭殃了，不过大多数情况下，脑膜炎球菌更惨一些。

葡萄球菌生活在我们全身各处，似乎更适应我们皮肤的状况，其他大多数细菌却不适于这一生活环境。数一数它们的“人”数，再看看我们，彼此的关系竟能如此融洽，也是奇事一桩啊。只有很少人受皮下脓肿之苦，而组织之所以遭受破坏，大部分要怪我们自身白细胞热情过度。溶血性链球菌是我们最密切的挚友，密切到跟我们的肌细胞膜有同样的抗原；是我们以风湿热的方式对它们的存在做出反应，才给自己惹了麻烦。我们可以在网状内皮组织的细胞中长期携带布鲁氏菌，却根本意识不到它们的存在。出于不明原因，大概与我们的免疫反应有关，我们开始周期性地感觉到它们，感觉的反应本身便是临床疾病。

大多数细菌只不过是在终日闲逛，不断改变有机分子结构，这样，它们可被用来满足其他生命形式的能量需求。总体上讲，这些细菌之间互相不可或缺，构成了相互依赖的群落，生活在土壤或海洋中。部分细菌与更高级的有机体形成了专有和局限的共生关系，作为具有生命机能的组成。如果没有根瘤菌，豆科植物的根瘤就既不会成形，也不会发挥作用。大量的根瘤菌群集在根毛中，与之亲密地融为一体，以至于只有用电子显微镜才能分辨得出，哪些膜属于细菌，哪些膜属于植物。昆虫身上存在菌落。这些菌细胞似乎成了昆虫体内的小腺体。除了知道它们必不可少，老天知道它们在干些什么。动物肠道内的微生物群落成了动物营养系统的一部分。当然还有线粒体和叶绿体，它们在一切生物体内都是正式居民。

细察之下，最居心叵测的微生物，那些似乎真的希望我们会得病的细菌，其实更像是旁观者、流浪汉和偶来避寒的陌生客。如果有机会，它们会侵入人体，进行复制，有些会到达我们身体最深处的组织，进入血液，但让我们生病的，依然是我们自身对它们的存在所做出的反应。我们迎战细菌的火力太猛，又牵涉很多不同的防御机制，这一切给我们带来的危险比入侵者本身还要大。我们周身都是爆炸装置，我们全身布满了地雷。

细菌所携带的信息，让我们受不了。

革兰氏阴性菌就是最好的例子。它们在细胞壁内产生脂多糖内毒素，在我们的组织看来，这些大分子是再坏不过的消息。一旦被识别出来，我们就可能动用一切可用的防御手段。对其围追堵截，直到毁掉周围所有的组织。白细胞被激活，变得更具吞噬作用，释放出溶酶体酶类，变得黏稠，成群聚集在一起，堵住毛细血管，切断血液供给。补体伺机而动，释放趋化性信号，从全身召集白细胞。血管变得对肾上腺素过度敏感，于是，生理上的集中反应突然具有了使组织坏死的性质。白细胞放出致热原，又在出血、坏死和休克之上加上发烧。一切全乱套了。

所有这些似乎都是不必要的恐慌。内毒素并非一定有毒，但在识别它的细胞看来，它一定面目可憎，或令人畏惧。细胞认为，内毒素一旦出现，就意味着革兰氏阴性菌的存在。于是，它们就会奋起抵御这一威胁，谁也挡不住它们的行动了。

我过去以为，只有高度进化、高度文明的动物才会上这个当，但事情不是这样。鲎是一种古老的原始动物，堪称活化石，但它像兔子和人一样容易在内毒素面前崩溃瓦解。班（Bang）证明，在鲎的体腔内注射极低剂量的内毒素，就会引起大量血细胞凝滞，堵塞脉管，胶状凝块使血液循环中断。我们知道，参与反应的主要是鲎的凝血系统——恐怕是我们人类凝血系统的老祖宗。在抽出的血细胞中，加入极少量的内毒素，就会变成果冻状。全身注射内毒素后，引起的整个生物自行解体，可以解释为用心良好，却致命的错误。如果运用得当有度，反应机制本身是相当好的，其对付单个细菌入侵的机制是颇值得赞叹的：它把血细胞吸引到现场，驱出可凝蛋白，细菌陷入罗网，失去活动能力，就此了结。当有机体接收到大量内毒素自由分子的信号，意识到大量弧菌的存在时，惊慌失措的鲎会一下子使出浑身解数予以自卫，这下反倒把自己毁了。

这基本上是基于信号的应答，有点像蓄奴蚁分泌的信息素，这种信息素在受害蚁群中引起恐慌，导致猎物群落的混乱和瓦解。

我深感很多人类疾病可能都是这样的。有时候，滥杀的机制是有免疫作用的，但像鲎的例子一样，经常是一些更加远古的记忆。我们因为一些信号就把自己体内搞得玉石俱焚，我们在这些信号面前非常脆弱，比在任何食肉兽群面前还脆弱。实际上，我们受着自身的五角大楼的摆布。大多数时候是这样。

身体十分健康

我们不断提醒自己，我们每年在健康上花费 800 亿美元，或许现在已是 900 亿美元了？不管是多少，都是一个令人震惊的数字，只要提起它，就会深感健康事业之庞大和有力，其组织和协调极其复杂。然而，这又是一项让人迷惑不解、大伤脑筋的事业，它在稳步地日渐扩大，却没有具体的人规划和管理它。去年花进去多少钱，只有在花完之后才清楚；明年的账单上又会是多少，没有一个人可以确定。社会科学家开始被这等宏大的问题吸引，从各个角落一拥而入，想一探究竟；经济学家倾城而至，在这里摇头咂嘴，将越来越多的资料输入计算机，试图弄明白，这到底是一个运转正常的机构呢，还是一座纸糊的屋子，只是徒有其表？对正在开销的数目，似乎并无疑问，但这些钱花到哪里，为什么花了，就不是那么清楚了。

为了方便，所有的一切被称为“健康产业”。这就造成一种幻觉，让人觉得，所有这一切都是一回事，实际上是应人们的需求，制造出的一种毫无疑问的产品，那就是健康。于是，卫生保健成了医学的新名字。现在，医生的任务是“提供健康保健”，医院、医生以及其他医务人员被统一称为“卫生保健的提供者”。病人成了卫生保健的消费者。一旦走上了这条路，那就得没有尽头地走下去。在美国，为纠正今天保健制度的某些弊端、不公平、配给不足和濒临破产，政府创立了一个官方机构，叫作健康维护组织。这种机构像邮局一样遍布全美，就像从一个大型仓储中心把包装整齐的“健康”作为商品分销各处。

我们迟早会因为这个词惹上麻烦。“健康”这个词太具体、太明确，不宜用作委婉语，而我们似乎正是要把它用作委婉语。我担心，我们已经偏离了轨道，剥夺了“健康”这个词原本的含义，以掩盖真相。这个真相说不得，我们似乎已心照不宣地避免公开谈论。但不管怎样，疾病和死亡依然存在，盖也盖不住。寻常的疾病还在使我们苦恼，我们没有控制住它们。它们肆意侵袭，为所欲为，叫我们无法预测、防不胜防。只有它们露脸以后，我们才能开始对付它们。我们的医疗工作只能这样被动，医死医活莫论，只有尽力而为吧。

假如事情不是这样，这个世界会更好些吧，但事实就是这样。疾病的发生，不仅仅是我们疏于养生或保养。我们生病，不仅仅是因为我们放松了警惕。多数疾病，特别是大病，是盲目的意外，我们不知该怎样预防。我们实在还不那么善于防病或养生。至少现在还不善于此。我们也不会善于此，除非有一天，我们对疾病的机理了解得足够多。

当然，在这一点上，大家意见不一。有些人相信，一旦我们有了行之有效的卫生保健制度，整个美国可能会变成一个大型矿泉疗养地，它提供的预防药就像欧洲某矿泉水瓶上的标签一样：从肾虚到抑郁，咸能预防。

让人吃惊的是，我们迄今还不知道，这个词乃是不应验的咒符。一个人几十年精神健全，但保不齐他将来会发生精神分裂；同样，社会的精神健康中心也未能保证社会的精神健康。虽然已经证明，这些可敬的机构在管理某些类型的精神病方面是有效的，但那又是另外一回事。

我之所以对这些颇有微词，是因为它们听起来太像言之凿凿的愿景。组织良好和资金充足的健康维护组织应具备诊所和医院的最好特征，对任何社区都应是有价值的。但是，公众会期望它能名副其实，对得起它的新名字。门上挂了保健的牌子，它就会成为分发健康的官方机构，如果此后任何人得了难治愈的心脏病（或者得了多发性硬化，类风湿性关节炎，或是那些既不能防也不能治的大多数癌症，慢性肾炎、脑卒中，积郁成疾)，那么，人们就不免要环顾左右、窃声议论了。

与此同时，对于人类机体内在的持久性和力量，我们所给予的关注太少了。稳定和平衡是人体内的铁律。把人体描绘成一件一碰就倒、一用就坏的精巧装置，总是处于破碎的边缘，总是得修修补补、小心看护，这是一种歪曲。岂止是歪曲，还有几分忘恩负义！这是人们从媒体宣传中最常听到的，也是最头头是道的教条。我们应该建立更好的健康普及教育制度，用更多的课时对我们的良好健康状况进行宣传、感谢甚至祝贺——说实在的，我们大多数人在大部分时间里身体就是好，好极了。

至于未来在医药方面的需求，我们面前仍然摆着一些大家熟悉的问题。在完善的保健制度中，哪些项目是最理想的？如何估算每个病人在最合理的情况下每年对医生、护士、药品、化验检查、病床、X 射线透视等的需求？我建议用一种新的方法来解决这些问题——仔细考察那些可以随时进出保健机构，最有头脑、最有见地，大概对医疗服务比较满意的顾客。也就是说，那些受过良好训练、经验丰富、有家室的中年内科医生，在日常生活中是如何利用今天医疗技术的各个方面的。

我想我可以自己动手设计问卷。在过去五年中，你的家人包括你自己，做过多少次不同类型的化验？做过多少次全面体检？做过多少次 X 射线透视和心电图？一年中给自己和家人开过多少次抗生素？住过多少次院？做过多少次手术？看过多少次精神科医生？正式看过多少次医生？所谓的医生是指所有的医生，包括作为医生的自己。

我打赌，如果你得到这方面的信息，把各种情况都考虑进去，你会发现，有一些数字跟现在官方为整个人口规划的数字大不相同。我已经以非科学的方式做了这样的尝试，我询问了我的一些朋友。我得到的资料还不是充实有力的，但是却相当一致。这些资料表明，我的内科医生朋友们从服完兵役后就没有单独做过常规体检；很少有人照过 X 光，看牙医的情况是例外；几乎全部拒绝了手术；连他们的家人也很少做化验检查。他们的常用药是阿司匹林，但似乎很少开处方药，家里人发烧也几乎从不用抗生素。这倒不是说，他们从不生病；这些人的家人生病的概率跟别人是一样的，主要是呼吸系统和胃肠道疾病，跟别人有着同样多的焦虑和稀奇古怪的想法，也有同样多——总体上讲，并不叫多——可怕的或破坏性的疾病。

有人会反驳说，内科医生和他们的家人其实是常驻医院的病人，不能跟其他人相比。每个家庭成员出现在早餐桌旁时，那一碰头，其实就是医生的家访，做父亲的就是名副其实的家庭医生。说得不错。但是，这使我们有理由期望更理想地利用全部的医疗技术。这里没有距离的限制，整个保健系统近在身边，随时可用，而且所有项目的费用也比没有医生的家庭要少。所有限制一般人使用医疗设施的因素，在这里都不存在。

如果我用几个医生朋友所做的小小的抽样调查，得到的预感是正确的，那么，这些人运用现代医术的方式，似乎跟我们几十年来有计划地教育公众的方法大不相同。说这是“鞋匠的孩子没鞋穿”是行不通的。医生的家人的确喜欢抱怨，他们得到的医疗照顾比不上朋友和邻居，但他们确实是一群正常的、健康的人，由医生诊断出的疾病更是少得可怜。

此中的奥秘，内科医生们知道，他们的妻子婚后不久也学到了，但就是对大众秘而不宣，那就是，大多数毛病不用治自己就好了。是啊，大多数毛病在上午就会好一些。

可以想见，如果我们能控制住自己，还有我们的计算机不去设计某种制度——在这种制度中，两亿人全被假定每时每刻都处于健康恶化的危险之中，那么，我们本可以建立一个以保证平衡为目的的新制度，向任何人提供他们所需要的良好医疗。我们的司法制度在不能证明我们有罪时就假定我们无罪。同样道理，医疗制度要最有效地发挥作用，就要假定我们大多数人是健康的。没人管的话，计算机会以相反的方式工作，就会理所当然地认为，每时每刻都要求某种直接的、持续不断的、专业的干预，以维护每个公民的健康。那时，我们的钱就甭想干别的，全得花在那上面了。再说，如果我们还想及时改变这种扎堆儿挤在一起，特别是挤在城市里的生活方式，我们还有许多别的事情要做。社会的健康是另一个问题，更加复杂，也更加迫切。我们要付的账单不仅仅是身体健康方面的呢。

寒暄

并不是所有群居动物都热衷于群居。有些物种的成员会紧密地联系在一起，互相依赖，就像组成结缔组织的细胞一般。群居性昆虫就是这样，它们集体行动、集体生活。就像蜂巢，它俨然是一种球形动物。还有些物种的群居性并不那么严格，它们的成员会共同搭建自己的家园，共享资源，动辄成群结队或者拉帮结派，对于食物也是分而食之，但每个个体都可以离群索居，独立生存。还有一些物种之所以被列为群居动物，只因为它们或多或少志趣相投，时不时地会借由各类“委员会”聚在一起，利用社交聚会的场合开展觅食和繁殖等活动。有些动物只是点头之交。

要确定我们属于哪一种，不是一件简单的事情。因为我们的生活安排总会被所有能够想象到的方式来组织。特别是在城市中，我们像蚂蚁和蜜蜂一样互相依赖，然而，如果我们愿意，想要搬到森林里独居，我们也可以脱离集体，至少在理论上是可以的。我们为彼此提供食物，互相照顾，为此精心搭建起巧妙的机制，甚至会在加油站设置冰激凌售卖机。但是，也有无数的作家告诉我们如何远离尘嚣、回归田园。我们聚族而居，但有时可能又会毫无征兆地翻脸不认人，争执起来，叫嚣着井水不犯河水。我们所有人无不渴望搜集到全宇宙的信息，然后把得到的信息向所有人传播（一旦某个实验室有科学新发现的苗头，就会发出信息素，感知到信息素的科学家，哪怕是在地球的另一端，也会汗毛倒立，精神振奋），这些信息之于我们就如同必不可少的食物之于蚂蚁。但是，我们每个人都会偷偷储存属于自己的秘密知识，把它们藏起来。我们的名字是每个人的标签，我们完全相信，这种分类机制会确保我们每个人作为实体的存在，会确保我们每个人的完全独立和区隔。但是，身处拥挤的城市，喧嚣的人群，这一机制毫无作用，我们基本等同于没有名字，至少大部分时间如此。

谁也不愿认为，迅速膨胀的人类群体会遍布在地球的每个角落，与蚁穴或蜂巢的生活有什么有意义的相似之处。设想一下，如果将地球上几十亿人全部联系在一起，我们会是一种多么庞大的动物？我们不是没有思想，我们每一步的日常行为也不是按照基因组编码设定的。我们亦不会像昆虫筑巢那样，被强制性地绑在一起，共同完成某一项制式工作。事实上，假如能把我们的大脑整合到一起，像蚁群那样产生共同的意志，那种意志将是不可想象的。

群居动物倾向于专注某一件事，相对于它们的个头来说，通常是很庞大的工程，它们遵从遗传指令，迫于遗传的力量，孜孜不倦地工作，靠它来给自己的种群搭建住房，并且保护这项事业，确保效能。

当然，从表面上看，我们做的有些事情与蚂蚁有着相似之处，比如，到处建设的玻璃之城、塑料之城，或海底养殖，或集结军队，或把人类的标本送上月球，或向邻近的星系发送备忘录。我们共同去做这些事情，却并不确定为什么要这么做。不过，只要愿意，我们随时可以停下来，转而去做另外一件。我们不像黄蜂那样，因为基因的关系，或热诚或被迫永远从事某一项活动。12 世纪时，整个欧洲大陆倾巢出动，大肆建造大教堂，与之相比，我们今天的行为已不再如此制式。在那时，人们相信这项事业将永远持续下去，相信这就是人们赖以生活的方式，但并非如此。说老实话，我们大多数人早就忘了这么做是为了什么。所有如此这般一时性的、次社会性的、强制性的事情，虽然倾尽全力，但在历史上只是存在须臾，从生物学的意义上，都不能构成社会行为。如果我们能随意地开或关，那就不大可能是我们的基因编码了详细的指令。建造沙特尔大教堂固然有益于我们的灵魂，但我们的生活依旧在继续。罗马犁、激光炸弹、高速运输、火星着陆、太阳能，甚至合成蛋白质，所有这些终将逝去。我们的确会将这些看作前进路上必经的路标，但很清楚，我们可以选择。

实际上，从长远来看，没有生物学秩序的社会性对我们来说是最好的。当然，这并不是说我们有选择权，甚至投票权。如果说，有一根绳子连着我们每个人的头脑，我们在统一的遗传动力下从事某种集体性工作，建造某个庞大的东西，大到让我们永远看不到脉络，这可能不会是什么好事。人类作为一个会说话、会辩论的特殊物种，这样的负担似乎格外困难和危险。还是让昆虫和鸟类，以及较低等的哺乳动物和鱼类过这样的生活吧。

但是，就有那么一件事。关于人类语言。

有一件事越来越令人不安，似乎语言天赋是人类唯一的特征，在遗传学上使我们跟其他生命形式区隔开来。语言是人类共有的，而且是生物学上特有的行为，像鸟做窝、蜂筑巢一样。我们参与这类活动的方式是集体的、强制的、自动的。没有它，我们也就无法作为人；我们若与之分离，我们的灵魂就会灭亡，就像离开蜂巢迷路的蜜蜂一样。

我们生来就知道如何运用语言。人类的大脑天生有能力辨认句法，把单词组织、配置成可以理解的语句。我们已被设定了识别句型和创造语法的程序。语言中有些不变的和可变的结构，是我们所共有的。小鸡生来就能根据头顶的影子读取信息，辨认出它到底是鹰隼还是其他鸟类，同样，我们生来就能从一串词里辨认出语法的意义。就像生物学家观察活组织一样，乔姆斯基（Chomsky）观察到语言“是人类思想的生物学属性”。语言的共有属性是遗传决定的，这些属性并不是我们成长过程中习得或创造的。

我们终生从事这一活动，集体赋予其生命，无论是作为个人、委员会、研究院，还是政府，我们对之不能施加半点控制。语言一旦有了生命，活动起来就会像一个活跃的、有行动力的有机体。由于我们所有的人不断地从事这个活动，它的各个部分总是在不断地变化。新词被造出来，被加进来，旧词的意义被改变或抛弃。连词成句、联句成章的新方法兴而又灭，但潜在的结构则是独立地生长、丰富和扩充。单个的语言似乎在衰落，甚至灭绝，但似乎又在全世界播下了种子。独立的几种语言可以并列生长，几个世纪互不接触，保持各自的独立完整，其活生生的组织互不相容；而有些时候，两种语言又可能凑到一起，融合、复制，生出几种新语言。

如果说，语言处在我们社会存在的核心，把我们聚拢在一起，赋予我们意义，那么，也可以同样有把握地说，美术和音乐乃是那同一个遗传决定的普遍机制的作用。大家一起做这些也算不得坏事。如果因此我们就成了群居性生物，就跟蚂蚁一样，那么，至少我（或者我应该说至少我们？）是不会介意的。

信息

在目前最权威的语言学派看来，人类生来就继承了认知和组织语言的禀赋。这意味着，我们拥有携带一切信息的基因，其中包含人类特有的DNA片段，能够认知语句的意义。我们必须将它想成头脑中深层结构的形态发生学[8]在编码话语，就像按遗传密码合成蛋白质一样。正如鸟类之于羽毛，正确的语法也是人类的生物学特征。

如果真是这样，就意味着从某种意义上讲，人的出厂设置中不仅限于构成词类[9]。由于所有的人类行为都衍生自语言这一核心机制，因此，一套基因也至少间接地规制着我们"令人匪夷所思"的行为：几百人挤在音乐厅里，满堂寂静，侧耳倾听，若有所思，好像在接受什么指示；抑或，几百人挤在画廊里，缓缓前进，全神贯注地凝视，无暇旁顾，好像在阅读什么指令。

这种对事物的看法与一种非常古老的观念一致：在出生时我们的思维就被置入了一套意义框架。我们带着模板开始了生命的历程，随着成长，我们会把适合作为模板的东西放进来。神经中枢会自动形成无数关于生命事实的假说。我们像细胞贮存能量一样贮存信息。如果我们足够幸运，找到了一个与感受器直接匹配的事实，会引发一场思想爆炸；那一观念会突然膨胀、聚拢，迸发出新的能量，并开始复制。有时会发生一连串爆炸，颠覆一切。通俗地说，就是想象力得到了激发。

这套系统似乎只存在于人类，因为我们是唯一拥有语言的物种，尽管黑猩猩可能具有按照某种句法使用符号的能力。我们与其他动物最大的区别，可能在于说话带来的质变。我们的生存是借由把能量转换成词语加以贮存，再通过有控的爆炸把能量释放出来。

动物不会说话，做不来这样的事，在我们眼中，它们彼此交换信息，不过是奇奇怪怪的“一锤子买卖”。它们也会依照已有的若干假设四处寻找相符的事实，这和我们一样，但当感受器碰着匹配的事实时，它们只会发出一声巨响。在没有语言的情况下，像弹簧一样被缠绕在信息里的能量只能使用一次。独居的土蜂在临近产卵期时，会不停地盘旋，大概只抱着一个想法：搜寻毛毛虫。它俨然是一个长着翅膀的毛毛虫感受器。一旦发现了符合的目标，它会飞扑而下，蜇住，使之瘫痪，带走，下落，准确地存放在圆形蜂巢的门口（巢穴是它提前准备好的，是另一种执念的结果）。土蜂放下毛毛虫，钻进洞穴，最后检查一遍洞里有无异常，然后出来，把毛毛虫拖入巢穴中以便产卵时备用。整个过程井然有序、有条不紊。但是，如果在土蜂钻入巢穴中最后一遍检查时，哪怕把毛毛虫移开一点距离，它都会推翻一切重新考虑，以不那么明智的一种方式。土蜂会钻出来，找一会儿，找到毛毛虫，把它拖回原地，放下，又钻进洞中做最后的检查。如果你再次移动毛毛虫，土蜂就会重复先前的程序。假如你有耐心并且忍心一直玩儿下去，甚至可以让土蜂一直忙下去。这是一种自己难以控制的行为，如同神经质一般，像尤内斯库笔下荒诞不经的人物一样，不过土蜂无论如何也想不出别的办法。

跟土蜂一样，淋巴细胞的基因设定是巡察，但每一个似乎都怀着不同的想法。它们在各个组织游走、感知和监测。由于它们数目够多，可以集体对地球表面任何一种抗原物质做出推测，但它们工作时每次只能执行一个想法。它们的表面感受器携带着特殊的信息，信息的形式是一个问题：那边有我要找的分子构型吗？这似乎是生物信息的本性，它不但把自己像能量一样贮存起来，还怂恿大家去找寻更多的信息。这是一个永无止境的机制。

淋巴细胞显然知悉周围所有的异物，有些淋巴细胞有着特殊的装备，使之适合一些原来并不存在、后来由有机化学家在实验室里合成的聚合物。这些细胞能做的不只是预言现实，它们显然还设定了大胆猜想的程序。

诚然，并非所有动物的淋巴细胞都有相同的信息量。像语言一样，免疫系统是由基因管理的。在不同物种之间，在同一物种的近交系之间，都有着遗传上的差异。有些聚合物能匹配豚鼠或老鼠中某个种系的感受器；有的应答，也有的不应答。

一旦建立联系，具有特异性感受器的淋巴细胞与特异性的抗原相遇，大自然中一种最伟大的微小奇观就出现了。细胞增大，开始以极快的速度制造新的DNA，继而转变为所谓的母细胞。它开始分裂，复制出一模一样的新细胞，每一个都带有同样的感受器和同样的问题。新分化簇是不折不扣的记忆细胞。

这种机制要想有效，这些细胞就得准确无误地卡点。任何含混不清，任何偏离主题，都会给这些细胞带来严重的危害，给它们的主人带来的危害更大。一丁点的谬误都会引发一系列的反应，邻近的细胞会被识别为异物，然后就此了结。有一种理论说，衰老可能就是由谬误累积所致，是信息等级逐渐降低的结果。这个系统容不得半点偏差。

在这方面，语言跟其他生物通信系统大概最不相同。用词语从一处向另一处传播信息时，模糊性似乎是至关重要、不可或缺的要素。为传达意义，经常需要有一种近乎含糊的陌生感和歪曲感。不会说话的动物和细胞无法做到这一点。淋巴细胞表面特异性的锁定抗原，不能派该细胞去寻找完全不同的抗原；当蜜蜂利用偏振光追踪蜜源观察太阳时，就会像我们看手表一样心无旁骛，目不转睛，哪怕是一朵美丽的花朵。只有人的大脑能这样做，面对锁定的信息，还能神游太空，时刻伺机寻找更有意思的志趣。

语言的意义如同由不同声部组成的乐曲，假如我们没有能力理解语言所表达的模糊性和陌生感，就如同无法辨识乐曲中的不同声部而无法欣赏音乐一般，无法捕捉字里行间的意义，只得终日蹲在墙角晒太阳了。可以确定的是，我们可以用这些音节讲讲柴米油盐，也可以说家长里短，但从词语进化到巴赫基本是不可能的。人类语言的伟大，就在于它使我们不会踟蹰于眼前的苟且上。

暴尸荒野

在城市附近的高速路上，最常见到的动物尸体是狗，其次是猫。而在乡村小路上的动物尸体，我们对它们的样子和颜色都是陌生的，它们是野生动物。从车窗望出去，它们支离破碎、面目全非的残骸，会让我们在头脑中拼凑出土拨鼠、獾、鼬、田鼠、蛇、鹿的样貌。

这会让我们感到震惊，一方面是悲从中来，一方面是难以言表的惊讶。在高速路上看到动物尸体本身就令人震惊。这种冲击倒不单单是因为死的地方。不管在哪里，死亡就这么直白地映入眼帘，还是非常触目惊心的。没有人想看到动物尸体。动物的天性是独自死亡，远离喧嚣，隐蔽地死去。我们不该见到它们暴尸于高速路上，抑或其他任何地方。

万物皆有一死，但我们对死的认知是抽象的。若是站在湿地边或山崖上，仔细检视四周，我们目之所及的一切都在经历死亡，而且大多数会在你之前死去。沧海桑田，一切都在斗转星移间气象万千。

有些生命似乎永远不会死亡，它们完全消失在自己的后代中。单个的细胞就是这样。细胞一个变两个，两个变四个，几番之后，最后一点痕迹都没有了。这不能看作死亡；若撇开变异不论，那些后代不过是第一个细胞重活了一遍。在黏菌的生命周期中，有些片段可以被认为是死亡，但带有柄和子实体的干枯的蛞蝓，显然是动物发育过程中的过渡性组织。游来游去的变形虫会集体使用这一器官，来产生更多的细胞。

据说，地球上每时每刻都生存着成亿兆的昆虫，按照我们的标准，其中大多数昆虫的期望寿命十分短暂。据估计，在温带，每平方英里*的上空，往上延伸到数千英尺的大气中，有大约 2500 万个形形色色的昆虫。它们像浮游生物一样飘游在大气层中。它们按照恒定的速度死亡着，有些被吃掉，有些只是坠落下来。它们这样围绕着地球，死了随即分解，没有人看到。

谁见过死鸟？天上那么多鸟在飞，而所有的鸟固有一死，但谁见过那么多的死鸟？死鸟是不易见到的，见到死

---

* 1 平方英里约为 2.6 平方千米。——编者注

鸟比见到活鸟更令人惊讶。显然，一定有什么地方不对劲。鸟总是死在他处，死在有遮挡、掩盖的地方，绝对不会在飞行途中死去。

动物似乎都有独自偷偷死亡的本性。即使个头最大、最醒目的动物，也会及时设法躲起来。假如一头大象不慎死在了野外，象群也不会让它独留在那里；它们会驮着它，辗转腾挪，直到找到某个神秘的妥当之所，才会把它放下。如果在野外遇到其他大象的骸骨，它们会有条不紊地将所有的骨头捡起来，在凝重的仪式感中，把它们散落到附近数英亩*的角落里。

这是自然界的奇观。世上万物皆有一死，死亡每时每刻都在发生，在每个早晨、每个春天，有多少让我们炫目的新生命诞生，就有多少令我们炫目的生命逝去。但我们目睹的，无非是十月在门厅里挣扎的苍蝇，以及高速路上的残骸罢了。对于我家后院的松鼠，我这辈子一直揣着个疑问：它们满院都是，一年四季都在，但我从来没在任何地方见过一只死松鼠。

我想这没有什么不好。假如世界不是这个样子，而是所有的死亡都发生在公开场合，死尸俯拾即是，我们将只能把死亡时时放在心上。幸而，在大部分时间，我们可以

---

* 1 英亩约为 4047 平方米。——编者注

淡忘它，或将它视为可以避免的事故。但是，这的确也让我们把死亡的过程看得过重，在亲自面对死亡时也愈加困难，而真实的死亡要平淡得多。

我们以自己的方式尽可能地遵从自然。报上的讣告栏总在提醒我们，我们在一步步走向死亡，而小字排印出生栏印在中缝处，告诉我们长江后浪推前浪，但从这里我们还是无法把握生死规模之万一。在地球上有几十亿人口，终其一生，这几十亿人都要次第死去。大量的死亡，按照每年超过五千万人的速度悄然发生着。只有家人或朋友死了，我们才真正地理解死亡。若是把死亡单独剥离出来，我们会认为它是非自然事件，是异常，是伤害。我们低声地谈论死者，我们会说他们是突然走了，就好像死亡必定有其原因，可能是罹患了无法避免的疾病，或者是死于非命。我们会送去鲜花，我们会悲悯难当，我们会举行葬礼，把骨灰撒向山川大河，却浑然忘记了几十亿人都是殊途同归。芸芸众生的血肉和意识终将消逝，融入苍茫大地，而其他暂时的幸存者，对此则毫无知觉。

过不了五十年，替换我们的后人将会把这个数字翻一番还多。难以想见，有这么多人死亡着，我们还能继续保守这一秘密。我们将不得不放弃这一观念，不再认为死亡是一场灾难，是一桩令人遗憾、可以避免，或者是奇怪的事。我们需要在更宏大的系统中理解生命周期，理解我们与整个过程的关系。任何生命似乎都是以死亡为代价换来的，正如一个细胞换一个细胞。当我们认识到这是一个齐头并进的过程，了解到我们是彼此陪伴、殊途同归时，也许会稍感宽慰。

自然科学

科学作为人类行为的表现，其本质的盲目性尚未得到广泛认同。当我们从科学中遴选有价值的新事物时，我们也不断地发现，有些活动似乎需要有更好的控制、更高的效率、更少的不可预测性。我们想要少花钱赚取相应的收益，并且按部就班、有条不紊地经营科学事业。华盛顿的规划者试图在这方面有所作为，他们启动了一些新的项目，把全国的科研活动都集中组织起来，特别是在生物医学方面。

这颇值得深思。在理想状态下，科学活动存在某种近乎无法制约的生物学机制，这一点是不容忽视的。

当研究课题极其困难和复杂，尚未真相大白时，任务将更加艰巨。只有当科学摆脱最初由震惊带来的动荡，才能找到问题的解决之道。因此，科学实验室必须加以规划恰恰是完全不可预见的事。如果要集中组织科研活动，那么制度设计首先必须能够消除疑虑，欢迎惊喜。

另外，科学事业的安排必须使汇集所有人的智慧和想象力成为可能，但这更像一场博弈，而不是系统化的事业了。科学的高光时刻都不过是顿悟的、偶然的、无法解释的奇想和直觉，即所谓的科学的好点子。

科学最为神秘的一面还是研究科学的方式，不是所谓的常规，不是用常人想不到的方式拆分组装，更不是建立所谓的关联性，而只是指日常中的细节及操作方法。科学研究诚然有趣，却不如终极奥秘那样令人着迷，它正是我们投身科学、埋头苦干、孜孜不倦的原因。

据我所知，还没有哪种职业如同科学研究那样抓人。在我看来，就连艺术都无法与之相比，从事科学研究的人无不深陷其中，毫无闲暇，只得倾其所有、殚精竭虑。

工作中的科学家如同谨遵遗传指令的动物，似乎是潜藏的本能在驱使着他们。尽管他们努力保持尊严，但还是像争强好胜的幼兽一般。每当接近答案时，他们无不毛发倒立，冷汗直流，肾上腺素飙升。对他们而言，得到答案，抢先得到答案，就是他们最强的驱动力，远比养家糊口、保护自己要强。

科学研究有时看起来似乎是孤独的，但却是人类活动中最不孤独的活动。没有任何其他活动具有如此高的社会性、集体性和依赖性。科学的热门领域就像一个巨大的智慧蚁穴,每个人几乎都淹没在后浪推前浪的滚滚洪流之中,他们各自携带着信息挤来挤去,光速般向彼此传递着信息。

有一些特别的信息似乎具有趋化性。一旦出现什么蛛丝马迹，会立即引发后脖颈的感受器颤动起来，在惊讶的作用下,无数的思想迎风飞去,团团围住蛛丝马迹的来源。这是一种智力的浸润，是一种炎症。

没有任何事物能触动这一景象。各种思想似乎完全杂乱无章，如同被捣了蜂巢的马蜂一般，在一片纷扰杂乱、随机的横冲直撞中,支离破碎的信息飞扬四散,崩溃瓦解,被鲸吞蚕食，突然峰回路转，悠然一曲之间，一条新的自然真理出现了。

一句话，这种方式是有效的。这是人类千百年来学会一起干的最有力、最有成效的事情，比耕种、渔猎、建教堂、赚钱更加有效。

在我看来，这是一种本能行为，并且我不知道它是如何运作的。它不可能预先得到准确的安排；人的思想不可能排排站，然后用打印的表格发出指令；让每个思想去干这件事或那件事，然后由中心委员会把所有按指令工作的思想所做的桩桩件件组装起来。不，它不是这样运作的。

它所需要的也不过是适宜的氛围。试想你让一只蜜蜂酿蜜，你不需要制定太阳导航和合成碳水化合物的操作规程。你只要把它跟其他蜜蜂放到一起（最好快放，因为单个的蜜蜂活不成），然后尽可能把蜂箱周围的大环境安置妥当。像蜜蜂酿蜜一样，如果氛围是对的，科学自然会水到渠成、瓜熟蒂落。

科学活动具有某种侵略性，但与其他侵略行为不同，因为它不以破坏为目标。科学活动在进行过程中，给人的观感类似侵略：瞄准它，暴露它，抓住它，它是我的了！它像一种原始的角逐，但到头来并没有伤害什么。更可能的是，到头来不过是喟然长叹一声。但是，如果氛围适宜，科学活动进展顺利，所有的唉声叹气都会断然停止，新问题会警铃大作，召唤人们去解决，后浪推前浪的活动再次上演，一切重新陷入失控之中。

人与自然

近年来，社会科学家，特别是经济学家，深入生态学和环境研究的腹地，得出了令人不安的结果。当得知他们对湖泊、湿地、筑巢的塘鹅，甚至四大洋进行成本、效益分析时，我们总觉有些难以接受。要我们直面环境选择和困难的抉择已属不易，而当价签如此醒目时，就更加艰难了。甚至 environments（环境）这个词就让人感到困扰：读到这个词，就莫名让人头疼；复数形式就意味着有很多选择需要厘清，有待投票解决，就如同在商场挑挑拣拣一样。经济学家在从事这些研究时，需要有冷静的头脑和冷酷的心肠才行，他们需要用冰冷，甚至虚与委蛇的笔触来工作。

我们大多数人刚意识到，人类已在很大程度上控制着地球上的生命，这意味着人类思想的另一场革命。

这场革命的到来将并不容易。在这个问题上，我们刚好经历了一场无疾而终的革命，试图形成一种自然观。我们发现，我们如同一个庞大的委员会，甫一达成某种共识，就到了重审议题的时候。现在，我们便是如此，又到了再做一次的时候。

最古老、最容易被人接受的想法是，地球是人类的私有财产，是人类的花园、动物园、金库、能源库，任君摆布，随意消耗、装点、肢解。按我们过去的理解，人类的进步和福祉才是一切的一切。人要胜天，是一种道义责任和社会义务。

最近几年，我们对自然的看法发生了大转弯，达成了共识，我们过去的看法是错的。虽然在一些细节问题上还有争论，但我们已经普遍承认，我们并不是大自然的主人；我们对其他生命的依赖，与树叶、蠓和鱼并无二致。我们是大自然的一部分。一种说法是，地球是一个结构松散的球状有机体，其所有的组成部分都处于共生关系。以此看来，我们既非主人，又不是操纵者；我们把自己看作一种专司信息接收的能动组织，我们的功能相当于整个有机体的神经系统，这可能已是最好的图景。

有些人认为，这种观点过分强调了依赖性。他们愿意把人类看作独立的、特殊的，与其他物种相比具有质的不同，尽管人类拥有共同的基因、酶和细胞器。不管怎样，这背后隐含了一层深意：不管我们是不是大自然的主人，我们都不可能枉顾所处的生态系统而生活。这种观念已经足够强大，掀起了声势浩大的环境运动，维持自然面貌，保护野生动物，终止贪得无厌的技术，保护“地球完整”。

但时至今日，正当新的观念占得上风之时，我们也许要再转一次弯了，这一次比从前经历过的转弯都更让人沮丧，更没有把握。在某种意义上，我们将被迫折返回来，一方面仍然要相信新的观念，但又受制于固有的生命事实，只得按照过去的方式生活。也许，已然为时太晚了。

实际上，喜欢也罢，不喜欢也罢，我们就是自然的主人。

这是一个令人绝望的图景。我们一脚迈进了新世纪，对于所有生命均为一族的观念有新的理解；而另一脚还留在过去，皮靴大踏步踩在大自然毫无遮盖的脸上，驯服它、开化它。我们无法停止控制自然的行为，除非我们把自己压在五指山下。若真有所谓的世界之心，怕也是在劫难逃，粉身碎骨了。

真实情况是，我们涉入其中的程度已经远超我们的想象。我们这样围坐一圈，为如何妥善地保护地球上的生命而忧心忡忡，这件事本身就最能体现我们牵涉其中的程度。并不是人类的妄自尊大把我们引向了这一方向，这不过是自然界最正常的事情。我们是这样发展的，我们是这样成长的，我们是这样的物种。

纵然痛苦万分，不情不愿，我们自己已经成为大自然。我们遍布每个角落，蔓延至地球的整个表面，与其他所有种类的生物接触，影响着它们，也彼此融入。地球正由于人口过多而陷入险境。现在，我们成了所处环境的最主要特征。人类作为地球上的大型后生动物，提供能量的是居住在细胞内的共生微生物，遵从的指令来自可以追溯到最古老的膜性生物的核酸带，传送信息的神经元与地球上其他生物基本无异，其结构与乳齿象和地衣相同，其生命的维持离不开太阳，如今正是人类在统领地球，运转着这方天地，管好管坏，自另当别论。

可真是这样吗？你也知道，事情可能正好相反。或许，我们是被侵略者，是被征服、被利用的一方。

某些海洋动物以半动物、半植物的形式存活。它们吞噬海藻，把自己变成了复杂的植物组织，进而得以维系整个组合的生命。我想，如果巨蛤有想法的话，它或许会时时为自己对植物界的所作所为而抱憾，悔恨自己吞噬了如此多的植物，奴役了如此多的绿色细胞，靠它们的光合作用生存。但是，在这件事上，植物细胞兴许会有不同的看法，认为自己是以最满意的条件俘虏了巨蛤，靠它组织内的透镜聚集阳光，为自己牟取利益。也许，海藻也会因自己以众凌寡奈何了蛤界而扼腕呢。

幸运的是，我们的情形或许跟巨蛤差不多，只是规模大些。也许我们正处于地球形态发生的特殊阶段，这段时间恰好需要我们这样的生物来获取并输送能量，维护新的共生系统，为将来的风云际会积累信息，做一些修修补补的工作，甚至把种子背到太阳系的各个据点。就是这么回事，我们不过是地球的杂役而已。

假若我有发言权的话，我会更愿意人类扮演这样一个有用的角色，而不是不接地气的生命（我们似乎正走向这个方向）。如果我们真的认为自己是自然界不可或缺的一部分，这将意味着我们看待彼此的态度得有一番根本的改变。我们最忧心的环境将一定是我们自己。我们将从自己身上发现神奇和快乐，过去我们都是从大自然的其他部分来寻找。说不定，我们可能会承认，我们有着生物高度分化所伴生的脆弱性和易感性，甚至可能会把自己当作濒危物种，掀起一场保护人类的运动。这场运动，我们将不会失败。

伊克人

人口稀少的伊克人（Iks）曾经是在乌干达北方山谷里采集、打猎的游牧民族，如今却一夕成名，他们成了文学上的一个象征，用来代表整个人类失去信心、失去人情味后，所面临的最终命运。两件灾难性、决定性的事落到了他们头上：第一件，政府决定修建一座国家公园，于是法律禁止他们在山谷打猎，只得成为农民，靠耕种山坡上一点贫瘠的薄地生活；第二件，一位对他们深恶痛绝的人类学家在此后两年对他们进行了访谈，并出版了一本关于他们的著作。

书中传达的信息是，在传统文化遭到摧毁之后，伊克人已把自己变成了一群不可救药、让人讨厌的人，他们六亲不认，野蛮自私，毫无爱心。另外，这也是我们所有人内心的真实写照，当我们的社会结构分崩离析时，每个人都会变成伊克人。

当然，这种观点建立在关于人性的某些假设之上，自然具有一定的推测性。你必须首先同意人性本恶，尤其是独处时，外在表现出的感情和同情不过是后天习得的习惯。如果你也持这种观点，那么，伊克人的故事恰好可以印证这一想法。这些人貌似生活在一起，挤在一个个的小村子里，实际上却是彼此隔绝、毫不相干、互不相帮的个体。他们之间也说话，但只有恶语相向，一旦出口，只有粗暴的强求和冰冷的回绝。他们从来不分享，从来不唱歌。孩子一旦能走路了，就会被赶出家门去抢劫；他们随时都会抛弃老人，任其自生自灭。打劫的孩子会从无助的老人嘴里抢夺食物。这是一个刻薄的社会。

他们对待自己的孩子没有爱，甚至漠不关心、不闻不问；他们在别人家的大门口随意便溺，对邻居的不幸冷眼旁观，甚至幸灾乐祸。那本书上写道："他们常常笑，也就是常常有人在倒霉。"他们甚至多次嘲笑那位人类学家，使其对这一点尤其反感（人们可以从字里行间感觉到，那位学者本人并不是这里最走运的人）。更糟的是，他们会强行把他拉到家里，抢他的食物，在他的门口排便，对他发出各种嘘声。他们让他度过了艰难的两年。

这是本让人沮丧的书。如果真如作者所言，我们每个人的心底都住着一个伊克人，那么，我们只能把还可以继续为人的希望寄托在不停地修补我们的社会结构上。而我们的社会变化堪称日新月异，可能连找针线的时间都没有。与此同时，假如我们每个人都彼此孤立，将同样会变成没有快乐、没有热情、互不接触的孤独动物。

但这种观点恐怕太褊狭。首先，伊克人是与众不同的。事实上，他们绝对是极其令人惊讶的。那位人类学家从未在别的地方见过他们那样的民族，我也没见过。你会想到，如果他们就是代表了人类共同的本性，他们本应更容易了解。相反，他们是古怪的、反常的。我已经认识了一众性格孤僻、难以相处、焦虑和贪婪的人，但我这辈子还没见过时时刻刻都令人厌恶的人。伊克人听起来更像是处于一种反常和病态。

我不能接受这种观点。我不相信伊克人代表了刚刚被发现的，原本与世隔绝、未经社会习俗矫饰的民族。我相信他们的行为是某种外加的东西。他们这种始终存在的强制排外性，乃是一种复杂的仪式。他们的行为方式是后天习得的，可能是复制而来。

我有一番自己的见解。伊克人疯了。

与世隔绝的伊克人，处于被封闭文化摧毁的废墟中，他们为自己建起了一套新的防御机制。设想你生活在一个已然无法运转的社会中，你也会建立起自己的防御机制，伊克人便是这样做的。每个伊克人都组成了一个团体，一个只有一个人的部落，成为一个选区。

这样一来，一切都清楚了。难怪他们看起来有几分眼熟。我们从前见过他们。大大小小的团体、机构，从委员会到国家，都是这样的行为方式。当然，正是人性的这一方面拖住了进化的后腿，这也正是伊克人看起来如此原始的原因。他极端自私，一毛不拔，俨然一个成功的委员会。当他站在自家茅屋的门口，高声谩骂邻里时，俨然是一座城市在向另一座城市打招呼的样子。

城市有着伊克人的全部特征，它们把排泄物排在自家和别人家的门阶上、河里和湖里，随意乱丢垃圾。它们讨厌周边的城市，什么也不愿意与之分享。它们甚至建立机构来遗弃老人，把他们弄到眼不见为净的地方。

难怪伊克人看上去这样熟悉，其与国家机器非常相似。国家机器的极端贪婪、强取豪夺、冷漠无情和不负责任，无人能出其右。按照法律规定，国家机器是孤立、自我，甚至孤僻的。国家与国家之间没有所谓的感情，当然，绝对没有哪个国家爱过另一个国家。它们站在各自的门槛上叫嚣挑衅，把排泄物排进大洋，抢尽所有的食物，靠仇恨生活，对其他国家幸灾乐祸，为其他国家的死亡而庆贺，通过其他国家的死亡而谋取生存。

就这么回事，我不再为那本书心忧了。它并不昭示人的内心是陋鄙、不人道的。人类没有什么问题。那本书只是说出了一个我们一直知道，只是顾不上担心的问题，那就是我们还没学会在集体中如何维持人道。身陷绝望之中的伊克人将这种失败展露无遗，或许我们应该给予更密切的关注。国家机器已经可怕到让人不忍深思，但我们或许可以通过观察他们而学到些什么。

计算机

我们造得出近乎人类的计算机。在某些方面，它们是超人；它们可以在棋局上赢大多数人，能一瞬间记住整本电话簿，能谱写某种音乐，能创作朦胧诗，能诊断心脏病，会向形形色色的人发送私人请帖，甚至还会一时发疯呢。虽然现在还没有写出能够让计算机同心协力或突然大笑的程序，但说不定很快就有了。迟早有一天，会出现真正的人类硬件，可能是嗡嗡、咯吱咯吱作响的智慧盒子，能读杂志，能投票，脑瓜转得飞快，甩开人类几条街去。

这都是可能的，但可能还得过些日子才能实现。也许终有一天，为了防止人类像鲸鱼一样消失殆尽，我们得为作为软件的我们开辟出禁猎区和保护区，在那天到来之前，我有话说，请诸公少安毋躁。

即使有一天，技术成熟，成功造出庞大如得克萨斯州的机器人，做人类能做的所有事情，它也只能单打独斗，实际上，这约等于零。要想和我们旗鼓相当，它们得有几十亿台之众，流水线上还不能停工。我怀疑是否有人能筹到这么多钱，更不消说得提供那么大的地方。即便如此，它们要想像我们一样互相交流，随时讲话倾听，那得做到彼此电路相通，其工程之复杂和精妙程度可想而知。如果它们不能在醒着时这样对待彼此，它们就绝对不能被称为人。我想，在未来很长的时间内，我们人类还是安全的。

人类的集体行为恰恰是我们最神秘的地方。在理解人类的集体行为之前，我们不可能造得出和自己一样的机器，而我们现在连接近理解都谈不上。我们所知道的只有现象：我们花时间向对方传送信息，一边说，一边听，进行信息交换。这似乎是我们最迫切的生物学功能，是我们毕生在做的事情。临近末了时，我们每个人都积攒了一堆惊人的信息，足以累垮任何一台计算机。而且，其中大多数信息是无法理解的，通常我们输出的信息比接收的要多。信息是我们的能源，它为我们提供驱动力。它已成为庞大的企业，成了能自己说了算的能量系统。全球几十亿人口经由电话、收音机、电视机、飞机和卫星联系在一起，我们有各种向大众喊话的传播系统，报纸、杂志、传单，甚至是街头的流言。我们正在成为遍布地球的电网和电缆。如果长此下去，我们最后会成为一台能把世上所有思想融合起来的计算机，一个合胞体，而终结所有的计算机。

事到如今，已经没有什么所谓的闭门谈话或一对一的对话。所有的谈话会立刻向四面八方辐射出去，你今天下午刚说的话，不到明天就会传遍全城，不到星期二就会传遍世界，其速度接近光速，一边传一边变调，形成新的意料之外的信息。等它传到匈牙利时，可能已经是一个极其荒谬的笑话，或金融市场上的波动，甚至是一首诗。等到了巴西，可能又是某人讲话中间的一个长停顿。

我们有大量的集体思考，大概比任何群居物种都要多，不过这种思考往往是秘密进行的。我们并不公开承认这一天赋，我们不像昆虫那样庆祝，但我们的确会这样做。我们能毫不费力、不假思索地在一个寒暑之内，在全世界范围内改变我们的语言、音乐、风尚、道德、娱乐，甚至穿着。我们这样做，似乎是普遍的共识，而不需要表决或投票。我们只是以这样的思考方式传播信息，交流艺术（密码），改变想法，改变自己。

计算机无法处理这种不确定性的问题，幸好如此！否则，若我们想要长治久安，就得争取对自身的控制权，而且我们的好日子也到头了。这将意味着，在接下来的 500

年，人类社会的样子将由某个精通计算机的高智商人群来决定，其他人等则将会被说服，一路追随。如此，在未来的一千年，社会的演进将陷入停滞，我们也将深陷在今天的车辙之中。

倒不如放任我们走出自己的路。未来如此有趣和危险，断不能把它交付给什么能预知未来、值得信赖的代理人。我们需要一切失败、挫折的机会。最重要的是，我们需要大脑保留绝对的不可预测性和完全的不确定性，如此才能对所有可能的选择保持开放的态度，一如既往。

如果能有更好的方法来监督我们的所作所为，自然是好，我们就可以在变化发生时有所察觉，而不是像现在这样，一觉醒来，才惊讶地发现，过去的一个世纪全然不是我们想的样子。也许计算机可以有所帮助，但我仍然深表怀疑。你可以做的是制作城市模型，但你会发现它们无法通过理性分析来理解；如果你试图用常识预测未来，只怕会比过去任何时候更乱七八糟。这是很有意思的，因为城市是人类聚集的地方，所有的人都在尽其所能影响着城市。城市似乎有自己的生命。如果我们不能理解城市是如何运行的，我们就不可能深入地了解整个人类社会。

不过，你还是会认为总会有某种理解的途径。地球上人类的大脑连在一起，组成了协调灵活的系统。问题在于信息流基本上是单向的。我们都着迷于以尽量快的速度输入信息，但缺乏回收信息的认知机制。相比对蚂蚁头脑里想法的了解程度，我承认，我并没有对人类有更多的了解。大家来想一想这个问题吧，这也许会是个很好的出发点。

科学的规划

人们普遍承认，生物学的研究进展绝对是成绩斐然的。仅在过去的十年，生物学就贡献了大量全新的发现，不远的将来还有更多要被发掘。显然，生物学革命方兴未艾。而对同一时期医学的进展，公众的态度却是有所保留的，甚至是大打折扣，忧喜参半。新知识层出不穷，但有些疾病依然无法被攻克，既没有让人满意的解释，也没有令人满意的治疗手段。人们不免要问：既然生物学逾越了一个又一个山头，技术的进步使我们对每个生命过程都如数家珍，那为什么新的神奇药物的发现会如此落后呢？

将我们从事的科学冠之以一个包容性的名称——“生物医学”，以彰显大家同属一个研究领域，有福同享、有难同当，然而却似乎没有什么帮助。比如，分子生物学的发展与肺癌的治疗手段之间仍然存在着明显的不对称。我们还不如直面这样的现实：基础科学的研究进程和应用新知识解决实际问题之间有着相当明显的差距。这需要解释。

由于这个问题直接影响到国家的科学政策，如今已成为众说纷纭的热点问题。华盛顿方面经常会把医学应用科学的发展迟缓归咎于缺乏系统规划。据称，若是在新的管理体制下，从商业的角度出发，会更加重视实际应用的发明，这样我们就能更快速、更经济地实现我们的目标，以赢取分红。这就是所谓的“确定靶向”。我们需要更多靶向研究、更多任务导向的科学。基础研究的投入可能得大大减少。据说，这正是时下的趋势。

这种观点的问题在于，它默认生物学和医学已经建立了庞大的可用信息库，而且这些信息又是相关的，然而真实情况远非如此。实际上，生物医学还远没有达到普遍适用于疾病机理的阶段。在某些方面，生物学和 20 世纪初的物理学差不多，尽管蓬勃发展，迈入了新的天地，但工程学并没有配套跟上。很可能一门匹配的应用科学正要破土而出，但不得不说，目前我们还没有这样的学科。政策决定者正面临一个重要的问题：应该让这门科学顺其自然地成长呢，还是通过管理和金钱的影响力来扶植它?

这是有风险的。我们可能是在自找新的老麻烦。在过去的一千年，医学行业自诞生以来就一直深陷在一个陷阱中。自人猿相揖而别，我们就一直痴迷于凡事都要试一把，枉顾希望多么渺茫，成功的概率有多低，单凭经验或者一腔热血，结果一次又一次地证明，这条路根本行不通。放血术、拔罐疗法和通便催吐便是由来已久的写照，近期让人难堪的例子还有更多。直到现在，我们还深受一些技术替代品的困扰。毫无疑问，在这种事上我们的动机是好的：所有人都迫切地希望尽快成为应用科学家，可能的话，最好明早一觉醒来就能成。

然而，这需要一些努力。大家都忘了，要使真正重要的应用技术变得实用，需要付出长时间的艰苦努力。当代西方医学的伟大成就当属控制和预防细菌感染的技术，但它并不是随着青霉素和磺胺类药的出现就从天而降，摆在我们眼前的。该技术始于19世纪末，经过数十年艰苦卓绝的研究，人们才攻克了肺炎、猩红热、脑膜炎以及其他一些疾病。一代又一代充满热忱和想象力的研究者殚精竭虑，一生都致力于研究这些问题。所谓现代医学始自抗生素时代的说法，实则忽视了在此之前浩如烟海的基础研究。

尽管心情难免不安，但我们还是要面对这样的现实：我们对一些不治之症（如精神分裂症、癌症或脑卒中等）的了解程度，与1875年时我们对传染病的了解程度差不多，都是还没有摸到关键信息的边儿。我们距离真正解决问题尚有很长的路要走，需要经过漫长的岁月，付出更多辛苦的努力才行。如果前景果真如此或基本如此，对于任何加速进程的方法，都必须给予开放的胸怀和谨慎的考察。

显然，全国规模的长期规划和组织至关重要。我们对此毫不陌生。实际上，二十多年来，我们一直经由美国国家卫生研究院参加全国性的联合攻关。今天的问题是：它的规划是否重点突出，组织是否足够严密？我们是否需要一个新的科研管理体制，将所有的目标都清楚地展示出来，以便做相应的安排？

这样做看起来有条不紊，让人放心，也的确有一些重要的疾病已被颇有效率地攻克了，这说明，直接的、正面的攻势的确奏效。脊髓灰质炎就是最引人注目的例子。一旦（由基础研究）了解到有三类抗原型病毒存在，而它们可以通过组织培养大量生长，就可以确定能做成一种疫苗。这并不是说这项研究很容易，也不是说不需要从前研究中的严谨性和复杂性，只是说，这是能办到的。只要以精湛完美的技术进行试验，疫苗的研发便不成问题。这个例子雄辩地示范了如何组织应用科学。因此，如果应用科学无法成功，那才令人惊讶呢！

这正是应用科学区别于基础科学的地方，那就是这层惊讶的存在。科学家被组织起来，应用已有的知识，确立目标，制造某种有用的产品时，从一开始就需要有十足的把握。制订实验方案的所有事实基础，都必须是可靠的，容不得丝毫含糊。挑战在于如何制订工作计划，如何组织工作人员，保证计划能够如期实现。为此，科学家需要确立核心权威，制订周密的时间表，以速度和质量为指标的奖励办法。但是，对于科学家来说，最重要的是首先得有清楚明白的基本事实，而这些只能来自基础研究，别无其他来源。

基础科学的情况则恰好相反，一开始需要的就是高度的不确定性，否则就无法称之为重要问题了。开始时只有一些不完整的事实，其特点就是模糊不清、模棱两可，通常是在不相干的点滴信息之间发现相关性。科学家必须基于概率，甚至极低的可能性，来制订实验计划。如果实验结果完全符合预期，当然是好事；但只有同时使你感到吃惊，那才称得上是重大发现。你可以用吃惊的程度来评价工作的质量。令人感到惊讶的，可能是结果竟然不出所料（在有些研究领域中，百分之一的成功率就被认为是很高的），抑或，预言全错了，出现了根本没想到的结果，问题完全改观，要求制订新的研究方案。不管出现哪种结果，你都成功了。

凭直觉我认为，若按照当下的分类法，清点我们主要的疾病问题，将发现有确凿答案的问题寥寥无几。这不失为一个好主意：一些委员会针对疾病为导向的研究制订长远计划，把这些问题从其他所有问题中辨认并分离出来，在这方面，运筹学的方法将是极其有用的。关于哪些问题有把握，哪些问题没有把握，专家们定有许多争论；或许可把争论的激烈程度和持续时间作为把握其大小的尺度。不管怎样，一旦就一些适于研究的问题达成一致，就可以运用应用科学的系统方法来解决。

不过，凭直觉我认为，生物医学领域有待进行的重要研究，绝大部分属基础科学一类。大量有趣的事实与我们的主要疾病有关，还有更多的信息从生物学的各个方面不断传来。新的大量的知识尚不明朗、不完整，缺乏切实的关键线索，像一条弯曲的小巷，每个拐角处的路标无不令人困惑，遍布死胡同。整个领域充满了迷人的观念，无数具有不可抗拒诱惑力的试验，各种各样的新路子，条条通往问题的迷宫，但每一步都是不可预测的，其结果都是不确定的。这是一个令人费解的季节，也是出成果的黄金时节。

我不知道你如何为这类活动制订可以按部就班去执行的计划，不过我想，纵观近百年乱糟糟的记录，你可以发现一些东西。不管怎样，得营造一种气氛，即犯错误的不安感是研究者的正常态度。应该理所当然地认为，成功的唯一途径，就是摆脱束缚，驰骋想象。特别要大胆承认，有些是可能性极低，甚至几乎是不可能的，但同时又是真实的。

要了解研究工作的进展，你不妨到走廊里听听科研人员的谈话。如果你听见有人说完话后再喊一声："不可能！"然后是一阵朗声大笑，那么，你就知道，某人井井有条的研究计划正在顺利进行。

生物神话种种

乍看之下，全世界所有动物神话中的神奇动物，似乎都是无稽之谈。有人认为，西方社会的文明、科学和技术都是人类进步始于并且超越这些想象的佐证。这些动物，连同它们在其中扮演的令人迷惑不解、莫名其妙的角色的那些逸闻传说，都是已经过时的东西。我们现在已不需要这些神话动物，也不需要关于它们的神话了。格里芬、长生鸟、半人马、斯芬克司、蝎狮、象头神、麒麟等，都好像萦回不散的噩梦，而我们现在总算把它们远远抛开了。我们如是说！

麻烦的是，它们真的如同梦境，却未必是噩梦，离开了它们，我们的日子可能并不好过。如同神话本身一样，它们是社会必不可少的成分，充满了象征，构成了我们的集体无意识框架。如果列维·斯特劳斯是正确的，那么，神话跟语言一样，是根据一种普世的逻辑建构起来的，这种逻辑是人类特有的，就如同筑巢是鸟的特征一样。这些故事似乎各不相同，但其深层结构无论何时何地总是相同的。它们像记忆印迹一样，被写进我们的基因之中。在此意义上，动物神话亦是我们遗传的一部分。

这些疯狂的动物大都有着相似之处。它们都是非生物学的，并且非生物学的方面是一样的。动物神话并不是全凭想象组装起来的珍禽异兽，相反，它们的组成部分完全是我们所熟悉的。它们的新奇和惊人之处在于，它们都是不同物种的混合。

大概正是这一特点，使得 20 世纪的我们感觉动物神话如同天方夜谭。我们最强大的故事——进化论，在很多方面近乎一个常见的神话。虽然神话不是真的，而进化论是真的，进化论中充满了象征意义，并且由此影响了全社会的思维方式。照我们最新的知识，传说中的怪兽存在的可能性极低，甚至是不可能的，因为它们违反了进化论。它们不是物种，它们否定物种的存在。

长生鸟最接近传统意义上的动物，成年时，它完完全全是一只鸟。实际上，它是一切有羽鸟类中最华丽、最精美、最多粉饰的，见于埃及、希腊、中东和欧洲的神话，中国古代的凤凰也跟它一样。这位鸟中之王一世五百岁，死后幻化为卵状的茧，把自己裹起来。它在卵里解体，然后变成虫子一样的动物，旋而长成新的长生鸟，再活五百年。此外还有一种说法，长生鸟会浴火涅槃，然后新鸟自灰烬中翩然而生。第一种说法是极古老的，无疑出于一位早期的生物学家之口。

在动物神话中，这样的杂合动物不胜枚举，你可以说，在远古人类的头脑中，对于生命形式的混杂有着热切的信仰，或许，他们虔诚的信仰被赋于象征意义中。午夜梦回，神话动物看起来令人不安，但奇怪得很，它们大多被当作祥瑞之物。比如，中国古代的麒麟——麋身、龙鳞、龙尾、偶蹄，短角。谁要是看见麒麟，便是福星高照，假如你能骑上麒麟，便会万事如意。

象头神是最古老、最被人们熟知的印度教神祇之一，神色开心，象头，大肚子人身，四条胳膊。遇到难处时，向象头神祈祷被认为是最灵验的方法。

当然，并非所有的神话动物都是友好的，但即使是不友好的神话动物也有可爱之处。蝎狮是狮身人首，尾端生着毒蛇的头。它张着巨爪和三排牙齿的口，到处窜跳着寻找猎物，叫声却如银箫般美妙。

如果不考虑措辞的不同，那么，有些动物神话似乎带有现代生物学理论的痕迹。在古印度，有一种传说，认为地球上最初的生命是由雷电和沼气所生，这种初始的生物很符合我们关于第一个细胞是由有膜包裹的核酸形成的原核构成的理论。这种生命无法定义，也未曾被定义，孤立地存在，害怕死亡，渴望同伴，于是它会膨胀，内部重新整合，最终分裂为完全相同的两半。其中一半变为一头母牛，一半变成公牛，两头牛交配，然后变出一匹母马和一匹公马，如此这般，直到变为两只蚂蚁。于是，地球上就有了各式各样的生命。这故事未免过于简化了，像速记符号一样简单，难以被精细的现代科学所用，但其中的神话色彩是清晰可辨的。

在最早的神话系统中，蛇的形象反复出现，总是作为宇宙生命和造物绵绵不断的中心象征。大约在公元前2000年，地中海东部国家的一种祭瓶上，绘有两条一模一样的巨蛇，彼此缠绕，形成双螺旋结构，代表着生命的起源。它们是生命最初起源复制出的两部分，奇妙的是它们是同源的生物。

在秘鲁，有一个来自公元300年左右的陶罐，上面绘有农事的守护神。其头发是一条条蛇，呈麻花状，用一些翅膀作为头饰，体侧及背部有各种植物，口里则生出某种蔬菜。其总的形象粗犷蓬乱，但基本上是友好的。事实上，他是一种基于真实动物的想象，即若干年前《自然》杂志里描绘过的一种生活在新几内亚北部山中的象鼻虫。它与几十种植物共生，植物生长在其甲壳的凹槽和裂纹中，把根一直扎到它的肉里，俨然一座花园。这里面住着螨类、轮形动物、线虫和细菌，构成了整个生态系统。这种象鼻虫被想当然地视为好运的象征，而且似乎是天经地义、不言自明的；它不受食肉类动物的侵扰，一生平安，寿终正寝。之所以没有任何动物会吃它，可能是因为系统内有什么味道很差的东西，抑或因为它介乎动物和植物之间，身份难辨。这种象鼻虫只有 30 毫米长，很容易被忽略，却拥有制造神话的资本。

或许，我们应该在四周找一找，有没有其他候选者。在我看来，我们需要寻找一个新的动物神话，来取代那些旧的动物神话了。如果您能接受微生物神话，或者要寻找某种隐喻，我可以想出好几种符合这一要求的生物。

首先是混毛虫。这是一种不甚有名的原生动物，它颇值得享有更大的名气，它似乎在把一切的一切一股脑儿地讲给我们听。它的纤毛其实不是纤毛，而是一个个螺旋体，在每个螺旋体基部的附着点上，有一个橄榄状的细胞器，嵌在混毛虫的膜中。这个细胞器其实是一个细菌。实际上，它完全不是动物，而是一个组合，一个集团。

混毛虫给我们讲述的故事像所有的神话一样深刻，一样有寓意。这种生物远比其他物种落后，它还处在集合组装的过程中。我们的纤毛很早以前就放弃了独立存在，我们的细胞器如今已真正属于我们自己，但控制细胞各个部分的基因组仍各自为政，住在独立的居室里。严格说来，我们还是一些组合。

还有一种原生动物，叫作赭纤虫。它讲述了一个悠长的故事，主题是复杂生命的危险性和易错性。之所以被如此命名，是因为在它口腔的周围有一圈长有纤毛的膜，很容易让人想起眼睫毛。之前，吉斯（Giese）在书中曾讲述了这个神话般的故事。赭纤虫比混毛虫往前多走了一大步，但还不够远，难免有摔跤的危险。它有三组不同的自我复制的核，每组中的DNA都起着不同的作用：一个大核，掌管受伤后的再生事宜；一组（八个或更多）小核，含有繁殖所需的那部分基因组；还有许多微小的核，纤毛就是从这些核生出来的。

赭纤虫体内能产生一种粉红色的色素，现称作赭纤虫素，它跟金丝桃素以及其他某些光敏植物色素相似。赭纤虫素通常不会带来麻烦，但如果赭纤虫游入阳光区域，这种色素会立刻把它杀死。在某些条件下，赭纤虫周围的膜解体，变得可以自由游离，好像脱掉的皮壳一样，使那个生物赭纤虫成为透明的白化体。闹饥荒时，单个的赭纤虫会吞食邻居，然后迅速膨胀，变成一个吞噬同类的巨人，简直就是挪威传说中的魔鬼。显然，这种生物仍难协调自身的各个部分，在集体中也很难跟其他的赭纤虫相处。

世上有无数种植物和动物的结合体，其中大多数生活在海洋里，由绿色植物细胞为动物提供碳水化合物和氧气，而自己获得一部分能量，作为回报。这真是最公平的安排。当草履虫没有食物时，它只需要待在有阳光的地方，这样，它就会像庄稼一样，由体内的绿色共生物源源不断地提供养料。

细菌是创立联合企业的个中高手，其宿主的生命全靠这些企业。根瘤中的固氮根瘤菌、昆虫的含菌体、许多动物消化道中的产酶菌落等，都是一些大同小异的共生物。

这些故事的意义也许跟中世纪的动物神话基本一样。不同的生物都有这样一种的倾向，就是一旦可能，便结合在一起，建立联系，寄生在彼此体内，返回到早先的秩序，和谐相处。这就是世上众生的生存之道。

细胞融合现象是这一倾向最简单、最壮观的表现，当今分子遗传学的很多数据都离不开这一实验室技术。在某种意义上，这是最反生物学规律的一种现象，并且违背了19世纪最基本的神话，因为它否定了生物特异性、完整性和独立性的重要性。只要有可能，在适宜的条件下，不管是人、动物、鱼、鸟或虫，任何细胞在与其他细胞接触的情况下，不管是不是外来细胞，都会与之融合。细胞质会很容易从一个细胞流向另一个细胞，胞核会结合，最终成为一个细胞，有着两个不同的、完整的基因组，准备携手共舞、生儿育女。它是喀迈拉，它是格里芬，它是斯芬克司，它是象头神，它是秘鲁神祇，它是麒麟，它是一个预兆好运的吉祥物，是美丽世界的美好愿望。

语汇种种

有一种观点认为，群集的社会性昆虫在某种意义上相当于庞大的、多生命组成的生物。这些生物具有一种集体的智慧和善于适应的天性，这种智慧和适应力远远高于个体的总和。这一想法出现在著名昆虫学家威廉·莫顿·惠勒（William Morton Wheeler）的一些论文中。他提出“超有机体”这一术语，以描绘这种组织。从1911年到20世纪50年代初，这一思想被列为昆虫学的重要思想之一，吸引了昆虫学圈外许多热心人士的注意。米德林克（Maeterlinck）和马雷（Marais）写了几本畅销书，书的基本观点是，在蚁穴的某个角落，必定存在一种精神。

后来，这个想法突然不时兴，而且不见踪影了。在过去的四分之一个世纪中，在昆虫科学激增的文献里，几乎没有一处提起它，没有人谈论它。不是因为这一想法被人忘记了；倒似乎是这种想法提不得，提起来就会让人难堪。

这件事很难解释。那个想法并没有错得离谱，也没有与其他任何更容易被接受的想法冲突。只是因为，没有一个人想得出，这样一种抽象的理论有什么用处。那时它在知识界占了重要的一席之地，正是昆虫学作为颇有力量的开拓性科学刚刚兴起、刚能解决复杂细致问题的时候。它俨然成了新还原论的范式。那一宏大思想——个体的生物可能在与一个密集社会的联系中自我超越，是新技术无法处理的，它也没有提出新的实验或方法。它只是横在当道，只不过被落叶般的论文所覆盖，需要有启发性的价值衡量才能得以幸存，而它缺的就是这个。

Holism（整体论）这个生造的词一向被用于“超有机体”这类概念。人们思忖，是否正是这个词吓退了某些研究者。这个词的确是面目可畏。简 · 斯马茨（Jan Smuts）将军 1926 年创造了这个词。当时，如把它写成 wholism 也许会好些。wholism 在词源上完全合格，而在我们这个世纪，它会因足够世俗而幸存。然而，既然写成现在的样子，可见其前途堪忧。Holism 这个词见于某些科学词典，但还没有被大多数标准的英语词典收入。《牛津英语大辞典》增编里收了它，这是重要的，但还不足以保证它存活。弄不好它会随超有机体学说一块儿灭亡，对这事我不置可否。如果一个理论不能自行发展，推动它是无济于事的，最好还是让它待在那儿吧。

然而，问题可能在于，有人推动过它，但方向错了。依照惠勒的标准，蚂蚁或白蚁、蜜蜂、群居性黄蜂的群落，可能实际上都是超有机体。但目前，就昆虫来说，很可能这就是信息线的终点了。或许，如果你把这种理论用于另一种社会性物种或较易对付的物种，路子会顺一些吧。这样的物种是有的，比如说，我们。

有件事长期以来让昆虫学家心烦。那就是，我们这些外行人总是干预他们的事务：总是用人类的行为来解释昆虫的行为。昆虫学家花了大力气向我们解释，蚂蚁根本不是人类的小小机械模型。我同意他们的意见。我们所确知的关于人类行为的一切，没有一条有可能解释蚂蚁的所作所为。我们不应当过问蚂蚁的事，那是昆虫学家的事。至于蚂蚁本身，很显然，它们才不需要我们的教诲呢。

然而，这并不意味着，我们不能反其意而用之。比如，走运的话，蚂蚁的集体行为可能有助于我们理解人类的问题。

这方面有着许多可能性。只要想一想一个由上百万只蚂蚁组成的蚁群群落营造巢穴的情景。每一只蚂蚁都在不停地、强制性地工作，把自己那部分工作干得精益求精，却一点也不知道别处正在营建什么东西。蚂蚁就这样度过了短暂的一生，而它为之工作的事业对它来说则永存（蚁群中的个体每天死亡百分之三到四；大约一个月之内，一代蚂蚁就会销声匿迹。蚁穴则可存续六十年之久，若无天灾，则永世不坏）。蚂蚁在一片混乱之中精确无误、专心致志地工作着，蹒跚地越过一只只蚂蚁同伴，衔来一点点细枝和泥土，把它们准确地排列成合适的形状，好给蚁卵和蚁仔保暖和通风，但孤立起来，它们一个个都那么柔弱无力。这样看来，在人类活动之中，只有一件事能与之媲美，那就是语言。

我们制造着语言，一代接一代，延续了无数代，却不知道语言是怎么造出来的，也不知道造完时——假如还能造完的话——会是什么样子。在我们做的事情当中，这项工作最具有强迫的集体性，最受遗传程序所限，最为我们人类这个物种所独有，同时也最自发，而我们干起来也是最准确无误。这是自然而然的事。我们有管语法的 DNA，有管句法的神经元，任何时候都不得停止。我们摸爬攀越，经过一个又一个文明时期，变着形，到处造工具和城市，而新的词汇随时都在跌跌撞撞中蜂拥而出。

那些词汇本身也令人惊异。每个词都是完美地为其使用目的而设计出来的。旧词和较为有力的词是膜状的，塞满了层层不同的意思，像是一个词构成的诗。比如，articulated 起先是小关节的意思，后来不知不觉有了成句说话的意思。有些词在日常使用中渐渐改变，直到变化完成时我们才察觉到。今天的一些副词中的ly——如ably（得力地）、benignly（慈祥地）等词——几百年前刚出现时是用来代替like（好像）的。后来，like成为一个后缀。通过类似的过程，love-did[古英语love（爱）的过去时]，后来变成了loved。

没有哪一个词是我们认识的某个人造出的。它们只是需要时在语言中出现。有时候，一个熟悉的词会突然被人拎出来，用来指一件很奇怪的东西：strange（奇怪）这个词本身就是这样。原子物理学家需要它，用它来代表一种衰变极慢的粒子。现在，这种粒子被称为“奇异粒子”（strange particles），它们具有“奇异数”[strangeness number(s)]。这种旧有的熟词突然爆冷现出陌生面孔的事，已稀松平常。这一过程已经持续几千年了。

有几个词是我们当代的几个独居者造出来的，比如Holism是斯马茨造的，Quark（夸克粒子）是乔伊斯（Joyce）造的。但这类词中的大多数具有异国风味，昙花一现。一个词要真正站得住脚，需要大量的应用。

大多数新词是由原有的其他词演变而来。语言的创造是一个保守的过程：旧物翻新，很少浪费。每有新词从旧词中脱颖而出，原有的意思往往像气味一样在新词周围萦绕不去，诡秘莫辨。

创造Holism的人意思很简单，不过意指若干生命单位的完整组合。只因它貌似 holy（神圣），便暗示了“在生物学方面超自然”的意义。追根溯源，那个词来自印欧语中的词根 kailo，意为整个（whole），也有未遭打击、未负伤之意。数千年来，它嬗变成 hail（whole 的古语，意为“致敬”）、hale（强壮）、health（健康）、hallow（使神圣）、holy（神圣）、whole（整个），还有 heal（愈合）。直到现在，这些词义在我们头脑中还是同往同来。

heuristic（启发式的）是个更专门、用途更单一的词，来自印欧语中的 wer，意思是寻找。后来，出现于希腊语中，成为 heuriskein。于是，阿基米德发现浮力定律时就喊出了“Heureka”（我找到了）！

还有两个来自印欧语的词，具有颇多内涵：gene 和 bheu。每一个词简直都是一个蚁穴。我们已经由这两个词建造了万物这个概念。起初，或者说从有案可查的时候，它们的大意是“存在”。gene 的意思是开始、生育，而 bheu 则指“存在”和“生长”。gene 依次变成 kundjaz（日耳曼语）和 gecynd（古英语），意为 kin（亲族）或 kind（慈祥）。kind 开始指亲属关系，后指“高的社会地位”，再后来变成了 kindly（慈祥地）和 gentle（优雅）。与此同时，gene 的另一支成了拉丁语的 gens（氏族），后来成了 gentle。它同时也表现为 genus（种属）、genius（天才）、genital（生殖的）和 generous（宽宏大量的）。然后，它变成了 nature（自然，来自 gnasci），但仍然包含着它的内在意义。

就在 gene 演化为 nature 和 kind 的时候，bheu 经历了类似的变化。其中的一支变成了日耳曼语中的 bowan 和古挪威语中的 bua，意思是“生活”和“居住”，然后成了英语中的 build（建设）。进入希腊语，成了 phuein，意为“产生”和“使生长”，后来成了 phusis，这是意指自然的另一个词。由 phusis 又生出 physic，physic 开始意为“自然科学”，后指医学，再后来成了物理学。

这两个词发展演化到了今天，毫不夸张地说，可以合在一起囊括世间万物。这种词可不是随便一找就能找到的。它们也不能被从零造起，而是要经过长久的演化。C.S. 刘易斯（C.S. Lewis）在讨论词汇时写道：“万物是不可言传的论题。”词本身必定显现出长期使用的内在标记，它们一定包含着自己的内部对话。

这些年来，自然和物理在其现存意义上，早就被我们头脑通过某种猜测联系到了一起；在今天这种时候，知道这一点可让人心里踏实些。萦绕在它们周围的其他词令人迷惑，但看起来挺有趣。如果你让自己的思想放松，所有这些词就都会掺和到一起，变成一种可爱的、令人不解的东西。kind 是“亲属”，但它又意指自然。kind 和 gentle 原来是一个词，啊，老天爷，物理自然是自然，但是慈祥（kind）竟然也是这个词。在这迷人的结构中，就包含了极其古老的猜测，诸多古老的思想在其中激荡。

大约部分是由于语言的魔法吧，有些人可以用完全不同的词做到殊途同归。14 世纪的一个名叫诺威奇的朱利安(Julian of Norwich)的女隐士就此说过一段精彩的话，被一位物理学家在一篇从自然科学角度评论当代宇宙论物理学的文章的导言中引用："他给我看一样小东西，榛子那样大小，放在我手里，像球一样圆。我看着它，想：这是什么东西？得到的回答大致是：它就是被创造的一切。"

活的语言

“共识主动性”（stigmergy）是一个新词，格拉西（Grassé）提出了这个概念，用来解释白蚁的筑巢行为，大概也可推及其他群居性动物的复杂活动。这个词是由若干个希腊语词根组成的，原意是“激发工作”。格拉西意在指出，是工作成果本身刺激和引导了进一步的工作。经过长期观察白蚁的筑巢行为，他得出了这一结论。除了人类的城市，白蚁的巢大概要算自然界最庞大的建筑了。如果白蚁站在巢边照个相，我们只考虑单个白蚁，它相当于一个纽约人，比洛杉矶居民表现出更好的组织性。有的非洲大白蚁的蚁穴高达十二英尺，直径上百英尺，可以容纳几百万只白蚁聚居。在蚁穴的周围，聚集着较小的、较年轻的蚁垤，好比城市的郊区。

蚁穴的内部如同一座三维的迷宫，里面布置着旋转长廊、回廊和穹顶，通风良好，冬暖夏凉。其中有的大洞穴作为真菌农场，白蚁靠它们获得营养补给，也许还会用它取暖。蚁穴内有一间圆形的穹顶宫室，里面住着蚁后，叫作皇宫。整个设计的基本原则就是拱形结构。

格拉西之所以想出这样一个词，就是为了解释这些微小、没有视力、没有大脑的动物为何能够建造起体积如此庞大、内部结构如此复杂的建筑。每一只白蚁都有一份蓝图吗？还是整个设计，细到每个拱门，都已在DNA中编码？或者，这么多小小的脑袋互相联系，使得整个蚁群具备了大型承包公司的集体智慧？

格拉西将几只白蚁放进一个盛满泥土和木屑的盘子中，观察它们怎样工作。最初，它们的行为完全不像承包商。没有谁站在那儿四周巡视，也没有谁发号施令或收取“费用”。它们只是跑来跑去，随机衔起土粒、木屑，然后放下。当两三颗土粒、木屑碰巧堆叠在一起时，所有白蚁的行为就都改变了。它们开始表现出极大的兴趣，发疯一样把注意力集中到初始的木堆上，给它添上新的土粒和木屑。达到一定的高度后，近处堆起了别的木屑，它们会停下手头的建筑工作。这时，建筑结构由柱以平滑的弧度弯曲，然后合拢，形成拱形。之后，一群白蚁又开始建造另一个拱门。

语言的形成大概也要经历这样的过程。可以想象，印欧语系的原始人原本是聚在一起的，随机发出某些声音。有一天突然被包围了，比如说，是被蜜蜂包围了，其中一个人突然喊了一声："bhei——！"然后，周围的人就学会了，开始一遍又一遍地重复，于是，这部分语言就形成了。不过，这种观点是有局限性的，而且过于机械化。将音素视为木屑，就意味着深层次的语法结构如同水泥一般。我并不赞同这一观点。

更可能的是，语言是有生命的，像有机体一样。我想，所谓有生命的语言，并不单纯是一个抽象的比喻，而是说生命是活着的。如果说语言是庞大的身体，那么词语是构成语言的细胞，它们使语言能够站起来，自行走动。

语言会生长、演化，死后会留下化石。一个个词语就如同不同种属的动物。突变时有发生。不同的词语融合，然后组成配偶，杂交词和野生的复合词便是它们的子嗣。有些混合词会由父亲或母亲中的一方主导，而另一方是隐性的。在特定时间内某个词的使用方式是它的表现型，但它还有一个根深蒂固的、不变的意义，往往隐藏着，便是它的遗传型。

如果我们对遗传学和语言学有更多的了解，或许可以用遗传学的说法来描述语言的遗传学了。

大约在五千年前，或者更早的时候，印欧语系中的各种语言可能是同一种语言。迁徙把说同一种语言的人们分开，这对语言产生的影响，就如同达尔文在加拉帕戈斯群岛[10]观察到的物种形成。语言演变为不同的种属，但与老祖宗依然保留着足够多的相似之处，因而仍可看到同族的相似性。不同语言分属不同的岛屿，只有偶尔接触，从而保留着自己的特异性，随机的突变也保证了差异性的存在。

但是，词还有其他的属性，使得它们看起来、感觉起来都像是活生生、拥有自己思想的生命。若是查阅词根词源字典，然后观察它们的行为，几乎所有的词根都可以追溯到化石语言（假设有的话）——原始印欧语就可以很好地佐证这一点。

有些词来源于印欧语，后来汇入世界上很多地区的宗教。比如 blaghmen（牧师）一词，它进入拉丁语和中古英语，形式是 flamen，这是异教徒对牧师的称呼；进入梵语为 brahma，后来成了 brahman（婆罗门）。weid（看见）后来有了“智慧、机敏”的内涵。它进入日耳曼语系，成为 witan，进入古英语为 wis，后为 wisdom（智慧）。它又成了拉丁语里的 videre（看见），于是有了英语的 vision（视觉）。它加了后缀成为 woid-o，于是又成了梵语 veda（知识）。

beudh 一词经历了相似的历程。它的本义是“意识、知道”，到了古英语成了 beodan（预兆）。在梵语为

bodhati（醒了、被启蒙），于是有了 Bodhisattva（菩萨）和 Buddha（佛陀）。

Bodhisattva（菩萨）一词中的 sattva 部分来自印欧语中的 es，意为“存在、是”，后来进入梵语，成了 sat 和 sant，同时也成了拉丁语里的 esse 和希腊语里的 einai；einai 成了某些词的后缀 -ont，意为存在，例如 symbiont（共生）。

印欧语中的 bhag（分享），进入希腊语变成 phagein（吃），进入古波斯语，成为 bakhsh 。[后来衍生出了梵语中的 baksheesh（小费），因为 bhage 有“好运”的意思，它又衍生出了 Bhagavad-gita（有福人的歌），其中 gita 来自 gei（歌曲）。]

印度教克利须那派教徒的圣歌很接近英语，尽管听起来不太像。Krishna（黑天）是毗湿奴的第八化身，毗湿奴是一位黑人。他的名字来自梵语中的 krsnah，这个词来自印欧语中的“黑色”——kers（kers 亦衍生出了 chernozem，意为“黑色的表土”，由俄语中表示“黑色”的 chernyi 而来）。

这样列举下去，显然无休无止，可能一辈子也说不完。幸而在 19 世纪，一代又一代的比较语言学家已经积累了足够多的成功。在 1786 年，威廉 · 琼斯（William Jones）发现了梵语、希腊语、拉丁语的相似性，这一发现被认为是比较语言学成为一门学科的标志。1817 年，随着弗朗兹·博普（Franz Bopp）著作的发表，人们普遍认识到，梵语、希腊语、拉丁语、波斯语以及日耳曼语系之间的联系如此密切，说明早先一定存在过一个共同的祖系语言。从那时起，这门科学就大致跟生物学平行发展着，只不过更为低调。

在这个领域中，那些不用负责的门外汉可以不断找到神秘兮兮的乐趣。有一个直接的问题，比如，英语中那个最有名的、最臭的、印不到纸面上的四个字母脏词是怎么来的？你要是找到了答案，肯定会提出令人难堪的新问题。现在我们就词论词。它来自 peig。这是个让人厌恶的、恶毒的印欧语词，意为“邪恶”和“敌意”，咒骂的话中少不了它。后来它成了 poikos，再后来变成日耳曼语的 gafaihaz 和古英语中的 gefah（仇敌）。在日耳曼语中，它从 poik-yos 又变成 faigjaz，在古英语中则为 faege（注定要死），于是生出 fey（苏格兰语，意为“注定要死的”）。在古英语中，它又成为 fehida，于是有了 feud（世仇）一词；在古荷兰语中则为 fokken。不知怎么回事，从这些词出发，它变成了英语中最厉害的脏话之一，意思是“立刻去死”。现在，这一出不得口的恶意已经深埋在那个词的最深处，而其外表则显示它不过是一个脏词。

Leech（水蛭，榨取他人血汗者）是个很神奇的词。在古代，曾被用来指医生和被用来放血的水蛭（sanguisugus）。

这两个意思似乎南辕北辙，但二者之间经历了类似生物拟态的进程：作为医生的leech是指用水蛭leech来治病的医生，水蛭leech又成了医生的标志。作为医生的leech来自印欧语leg（收集），这个词派生出许多意为“讲话”的词。leg后来成了日耳曼语的lekjaz（会念咒语的人、巫师）。它在古英语中为laece（医生），在丹麦语中，医生一词仍为laege，在瑞典语中为läkare。由于leg有“收集、挑选，讲话”等意思，于是产生了拉丁语legere，由此衍生出lecture（讲课）和legible（字迹清楚易读的）等词。希腊语中，它成了legein（收集，讲话）；legal（法律的）和legislator（立法者）等词由此而来。leg在希腊语中进一步变为logos（道理）。

上述一段演变史听起来头头是道，凿凿可信，医生们会乐意读一读。然而，另一种leech，那种虫子，依然存在。它的来历还不清楚。不过，它在语言中的演变跟作为医生的leech同时开始，在古英语中以laece和lyce的形式出现，这两个词让人一看就知道指的是虫子，同时又具有医学上的重要性。它还有寄生的意思，也就是靠别人的血肉而生活。后来，大约是因为“中等英语水平”(Middle English)[11]的美国医学会的影响，leech一词渐为虫子所专用，而医生则称为doctor，来自dek，原义为接受，后为教导。

man（人）这个词没有发生变化。在印欧语中就是

man，意思相同。但另外两个表示人的词却是来历蹊跷。一个是 dhghem（土）。它在日耳曼语中变为 guman，在古英语中为 gumen，在拉丁语中则成为 homo 和 humanus。从这些词出发，我们有了 human（人类）和 humus（腐殖质）。另一个表示人的词含有同样的警示之意，但却把信息倒传回来。这个词就是 wiros，在印欧语中意为人，在日耳曼语中为 weraldh，在古英语中为 weorold，后来令人惊讶地形成了 world（世界）一词。

这门学问看来真不容易。你会想，一个表示土的词衍生出一个表示人的重要的词，而表示人的一个古词后来成了表示世界的词，那就可能发现表示土的其他词也会有平行发展的情况。印欧语中倒是有一个词 ers 后来变成了 earth（土），而据我所知，人们只提到它演化出表示一种动物的词，它就是 aardvark（土豚）。

我很高兴在我钻研这门学问之后，我的大脑有着半透性的记忆力。假如你不得不一边讲英语一边在脑子里把所有单词的词根像过字幕一样过一遍，一直追溯到印欧语，那你免不了要从自行车上栽下来。说话是件自发的事。你也许会一边说话一边寻找词语，但你的大脑里有些代理人可以替你找，而你对这些代理人并没有直接的控制权。假如你硬要去想什么印欧语，那保你会时时语塞，或者会唠叨不清 [babbling，来自 baba（说话不清）；在俄语为

balalayka；拉丁语 balbus（笨蛋）；古法语 baboue，后来产生了 baboon（狒狒）；希腊语 barbaros（外来的，不礼貌）；梵语 babu（爸爸）]。不一而足。

当我试图探究 stigmergy（共识主动性）一词时，我遇到了更多的麻烦。我在寻找有没有别的词表示"刺激"和"激励工作"，结果遇见了 to egg on（督促，鼓励）。这里的 egg 来自 ak，表示"锋利"，在日耳曼语中加了后缀 akjo，意为"刀锋"；在古挪威语为 akjan，具有了 egg 的意思，亦即"刺激、刺棒"；同一个词根到了古英语，出现了两个词——aehher 和 ear，表示"玉米的穗"。（corn，这里又节外生枝了，它来自 greno，指"粮食"，后来到了古高地德语成为 korn，在拉丁语为 granum，在古英语为 cyrnel，于是生出 kernel，意为"谷粒"。）不过，从 ak 来的 egg 和 ear 不是真正的 egg（卵、蛋）和 ear（耳朵）。真正的 egg（蛋）来自 awi（鸟），到了拉丁语成为 avis（鸟）和 ovum（蛋）（当然，不知是先有鸟还是先有蛋），在希腊语中成为 oion，与 spek（看见）合并为 awispek（观鸟的人），它后来成为拉丁语里的 auspex（观察飞鸟预言凶吉的占卜官）。

真正的 ear（耳朵）起先是 ous，后来成为日耳曼语的 auzan、古英语的 eare、拉丁语的 auri；演变的途中与 sleg（松弛的）结合，成为 lagous（耳朵下垂的），这个词后来成为 lagos，这是希腊语中的"兔子"。

一旦上了这条路，你就没法停下来，想转回原地都不成。ous 成了 aus 又成了 auscultation（听诊），听诊是医生（leech，来自 leg）谋生（living，来自 leip）的手段，除非他们是法律界的（legal，来自 leg）leeches，但顺便补充一句，leech 跟律师（lawyer，来自 legh）又不是一回事儿。

行了，这些就足够了（enough，来自 nek，意为“获得”，后为日耳曼语的 ganoga 和古英语的 genog，还有希腊语的 onkos，意为“负担”，于是有了 oncology，意为“肿瘤学”），对此你可以有基本的（general，来自 gene）概念（idea，来自 weid，后来成为希腊语的 widesya 又变为 idea）了。不过也很容易断了思路［thread，来自 ter，意为“摩擦、绞”，twist——兴许 termite（白蚁）也是从这里生的呢］。不知您是不是已经睡着了？

概率和可能性

从统计学上讲，此时此刻，我们身处此地的概率是非常低的，以至于单是我们在这世间存在的事实已让我们惊喜莫名。我们能够活着出生已是克服了遗传学上的无数可能，我们之所以身处现在的位置，而不是别处，纯属运气。

若从物理学的角度来看，我们存在的统计概率更是低得吓人。整个宇宙之间，物质可预测的常态便是随机性，是某种灵活的稳态，构成物质的原子和粒子呈现为无序的分散状态。与此形成鲜明对比的是，我们具有组织完好的结构，每一条共价键上都有左右扭动的信息。我们得以生存，靠的是在太阳光子激发的瞬间捕捉住电子，捕捉住它们每一次跃迁时释放的能量，把这些能量存入我们错综复杂的回路里。我们的本性是违背概率论的。这一切能够有条不紊地系统完成，又是这么千姿百态，从病毒到巨鲸都是这样，简直不可思议。而我们得以在数十亿年中浮浮沉沉延续着这种存在，而没有回到过去的随机状态，从数学上看，这几乎是不可能的。

另外，还有一种生物学上的不可思议，使得每个人都保持自己的独特性。此时此刻，每一个人都是几十亿分之一，可见这一概率之低。每一个人都是一个独立自主的个体，细胞表面都载有特殊蛋白质构型的标记，每个人都可由指尖那块皮上的指纹，甚至还可能由特殊混合的气味被辨认出来。这么讲下去，你会越来越觉得惊异。

我们活着而没有怎么感到惊异，这件事大概并不令人惊异吧。毕竟，我们对于不可思议已经司空见惯了。我们生于斯而长于斯，已经像安第斯山里的原住民一样，适应这一海拔了。另外，我们都知道，我们的惊异是暂时的。迟早有一天，组成我们的粒子还要回到随机的混沌状态中。

此外，也有理由怀疑，我们其实并不像看上去的那样，是绝对纯粹的实体。我们有种平凡感，这也使我们的惊异减轻。诚然，各种证据显示我们的细胞和组织内存在着生物学隐私（比如，在全球几十亿人口中，除了同卵双胞胎，任何两个人都能够识别和排斥对方的细胞膜），但在我们的头脑中，却存在某种滑动。事实上，没有人敢肯定地说，他的思想中存在着类似指纹或组织抗原的特异性。

人类大脑是地球上最公共的器官，它开放性地接收信息，也向外界发出信息。当然，它掩藏在头骨之内，秘密地进行着内部事务，但几乎所有的事务都是其他头脑里已经想过的东西直接产生的结果。我们在大脑之间传递着思想，如此具有强制性，如此迅速，以至于人类大脑似乎一直处于彼此融合的过程。

如果您能稍加思索，就会发现这一点实际上非常神奇。关于自我的古老观念——认为自我具有自由意志、自由进取，是自主的、独立的孤岛，原来是一个神话。

我们的科学还没有强大到足以取代这一神话。如果我们能用某种类似放射性同位素的东西，将一直在我们身边如同浮游生物一般飘荡的人类思想打上标记，也许可以从整个过程中厘清某种系统性的秩序，但为什么看上去又是近乎完全随机的呢？那你对自己所看到的一定产生了误解。如果说，我们拥有这样复杂、有时看起来这样强有力的一个器官，大规模地应用它，只是为了制造某种背景噪声，那是说不过去的。在谈话的片段、几纸往日的书信、书刊的断章残篇、关于老影片的回忆以及纷乱的广播、电视节目的掩盖之下，一定要有更加容易理解的信号。

或许，我们只是刚刚开始学着使用这个系统，而作为一个物种，进化过程还只是万里长征的第一步。今天，我们每个头脑中迸发的想法会在不同的头脑之间快速地传播，比如在香港和波士顿的宴会桌上，人们可能同时讲着一样的笑话，就好像我们发型的突然改变，就像今天流行的情歌，它们都是日后更复杂的聚合结构的初始阶段，可以跟生物进化早期漂游在浅水洼里的原核细胞相提并论。后来，时机适宜的时候，那些片段出现了融合与共生，那时，我们就会看到真核细胞和后生动物的思想，看到思想交错的巨大珊瑚礁。

这样的机制已经存在，并且无疑已经能够发挥作用，尽管迄今为止的全部产品基本上还是些片段。但不得不说，从进化的角度来看，我们运用大脑的时间还极其短暂，不过区区几千年，而人类的历史怕要延续几十亿年。在这几千年中，人类思想一直是零零散散地分散在地球各处。这样的思想交流，或许有某些规律，规定了它可以有效运行的临界浓度和质量。到了20世纪，我们才大步向彼此靠近，才得以在全球范围内融合，而从今往后，这一进程将会极其迅速地大踏步前进。

如果进展顺利，前景将相当可观。我们已经幸运地看到，思想的火花碰撞，已经荟萃成今天艺术和科学的结构。要做到这一步，只要把思想的火花在头脑之间流转起来，直到某种类似自然选择的机制做出最终的选择，选择的一切依据便是适者生存。

真正出乎我们意料之外，令我们错愕，跌破眼镜的总是那些突变型的出现。我们已见识过几个，它们像彗星一样，周期性地掠过人类思想的荒野。有些人对于从其他头脑倾泻而来的信息瀑布有着稍微不同的感受器，还有着稍微不同的处理机制，因此，经他们的大脑流出来再汇入整个大流的是新东西，充满了种种新的意义。巴赫便是如此，他给音乐倾注了基本的灵魂。在这个意义上，《赋格的艺术》(*The Art of Fugue*)和《马太受难曲》(*St. Matthew Passion*)对于进化中的人类思想来说，便是羽翼丰满的翅膀，是人有了与其他四指相对的拇指，是大脑额叶新的皮质。

但是，从今往后，我们也许不会这样依赖突变型。或者，我们周围有了更多的突变型，多到我们认不出来。我们需要的是更密集、更不受限制、更执着的交流，需要更多开通的渠道，甚至是更多的噪声及稍好一些的运气。我们既是参与者，又是旁观者，这样的角色令人困惑。人类作为参与者，我们在这个问题上别无选择。作为一个物种，我们就是这样做的。作为旁观者，后退一步，不要干预，这是我的建议。

世界上最大的膜

若是从月球遥望地球，让人震惊到屏住呼吸的景观莫过于，它是有生命的。从照片上看，月球表面干燥、凹凸不平，毫无生机。高悬在天际的是正在冉冉升起的地球，它的上方是一层湿润的膜，泛出浅蓝色的微光。在浩瀚宇宙的这一隅，唯有它呈现出一片生机盎然。假如你看上足够长的时间，你会看到缱绻的白云掩映着陆地，陆地在白云间时隐时现。假如你能看到远古的地质纪年的演化，你也许会看到大陆也在移动，看到它们在地火的推动下，在地壳的板块上漂移。地球看上去就是一个有组织的、独立的生命体，满载信息，以娴熟的技巧操纵着太阳。

正是膜在生物学的紊乱中厘清了意义。你得能获取能量、保存能量，准确地按需贮存能量，然后把它按照比例定量地释放出来。细胞是这样做的，细胞内的细胞器也是这样做的。每一个生命集合都徘徊在太阳能的流动中，从太阳的代谢物中攫取能量。为了活着，你必须能够跟稳态抗争，维持不平衡的状态，积聚能量以抵抗熵的增加。在我们这样的世界上，只有膜才能处理这样的事务。

地球在具有生命之后，就开始建构自己的膜，其基本目的就是处理太阳能。起初，由水中的无机成分合成肽与核苷酸的前生物期，在地球上，除了水之外，再没有什么东西可以屏蔽紫外线的辐射。最初，表面稀薄的大气全部来自地球冷却过程中所释放的气体，其中只有些微的氧气存在。从理论上讲，在紫外线的作用下，水蒸气也能发生光解作用而产生氧气，但量不会多。如尤里（Urey）所指出的，这一过程是自限性的，因为发生光解作用所需的波长正是氧气会选择性屏蔽的波长。氧气的生产几乎一开始就被切断了。

氧气的生产有待于光合细胞的出现，它必须生活在有充足的可见光并且免受致命的紫外线照射的环境中，以便进行光合作用。伯克纳（Berkner）和马歇尔（Marshall）计算出，绿色细胞必须生存在水下约 10 米深的地方，很可能是在水池和池塘里，这些地方水比较浅，没有很强的对流（海洋不可能是生命起源的所在）。

你既可以说，向大气释放氧气是进化的结果，也可以反过来说，进化是氧气的结果。两种说法都说都通。一旦光合细胞出现，很可能是蓝绿藻的同类，日后地球的呼吸机制就此形成了。从前，氧气曾一度达到大气浓度的百分之一，地球上的厌氧生物受到了威胁，于是，具有氧化系统和 ATP 的突变型应运而生。我们由此进入了爆炸式的发展阶段，各种会呼吸的生命，包括多细胞的生命形式，就可以滋生繁衍了。

伯克纳提出，过去曾有过两次这样的新生命大爆炸，形同大规模的胚胎学转化，都有赖于氧气浓度的阈值。在第一次大爆炸中，氧气浓度达到了现在水平的百分之一，得以屏蔽足够的紫外线，使细胞能够移居到江、河、湖、海的表层水域。这次大爆炸发生在大约六亿年前的古生代前期，印证了这一时期地质记载中海洋生物化石陡增的现象。第二次大爆炸发生在氧气浓度达到今天水平的百分之十时，距今约四亿年，这时，已经形成一个足够强大的臭氧层，减轻了紫外线辐射，使生命可以离开水，移居到陆地。从此以后，除了生物创造性的限制，生物的发展变得畅通无阻，再没有什么能限制生物多样性的发展了。

关于人类的幸运，还有一个真实的写照。氧气吸收的，正是紫外线光谱带中对核酸和蛋白质最具杀伤作用的部分，同时它又允许光合作用所需的可见光充分通过。如果不是氧气的这种半透性，我们也不会这样进化而来。

从某种意义上说，地球会呼吸。伯克纳提出地球具有一个生产氧气和消耗二氧化碳的循环，这个循环有赖于地球上动植物的相对繁盛，而几次冰期则代表呼吸的暂停。植物过分茂盛可能导致氧气的浓度高于今天的水平，于是相应地引起二氧化碳的耗竭。二氧化碳浓度的下降可能破坏了大气层的温室效应。二氧化碳为大气层保持着来自太阳的热量，但随着温室效应被破坏，热量会从地表辐射散失。气温的下降又反过来抑制了大部分生物的生长。一阵长长的叹息，氧气的水平可能已经下降了百分之九十。伯克纳推测，这就是大型爬行动物所遭遇的灾难。这些大块头在含氧丰富的大气环境中生存可能不成问题，但此时它们要面临氧气耗尽的厄运。

现在，在离地球表面30英里处，有一层薄薄的臭氧层。它保护我们不受致命的紫外线的伤害。如果我们能避免使用可能破坏臭氧层或者改变二氧化碳浓度的技术，我们很安全，通风良好，安然无恙。对我们来说，氧气不是什么心腹大患，除非我们放任原子弹爆炸试验的进行，大肆杀戮海洋中的绿色细胞。当然，如果我们这样做，那无异于自寻死路。

大气是全然没有人情味的，本来很难跟它建立感情的联结。然而，它就像葡萄酒和面包一样，既是生命的一部分，也是生命的产物。总体来讲，天空是奇迹般的成就。天空和自然界的万事万物一样，按照设计准确无误地运行着。没有人能想出办法改进它，我们能做的无非是有些时候把某一块云从某一处移往其他的地方。仅用“偶然”并不能全面解释这一波澜壮阔的存在。叶绿体的出现，也许有点幸运的成分，然而，一旦这些东西登场，天空的进化就绝对是命中注定了。“偶然”意味着有其他的选择、其他的可能性、不同的解决方法。在鳃、鳔、前脑这些细节问题上，“偶然”可能是正确的，但在天空的问题上，却不是这样。在这里，不存在其他的方法。

我们应该这样称颂现在的天空：它的广袤、功能的完美，无疑是自然界鬼斧神工的产物。

地球为我们呼吸。它还为我们做了另一件事，保护了我们的福祉。每天有几百万个陨石落入这层膜的外层，由于摩擦，它们被燃烬，化为乌有。如果没有这层屏障，地球的表面早就会像月球表面一样，被撞得坑坑洼洼，满是沙砾和尘埃。尽管我们的“感受器”还没有足够灵敏，没能听见那轰击，但当得知那些声音就在我们头顶，如同夜雨敲打屋顶凌乱的声音一般时，我们就能备感宽慰。

译后记

刘易斯·托马斯是一位医学科学家，曾被誉为“现代免疫学和实验病理学之父”，拥有闪亮的履历：在普林斯顿大学获得学士学位后，于哈佛大学获得医学博士学位；先后任职于明尼苏达大学、纽约大学医学院、耶鲁大学医学院、纽约市纪念斯隆–凯特琳癌症中心。医学研究和行政职务为他赢得了无数荣誉和奖项。1961 年，他被评为美国艺术与科学研究院院士；1971 年，被评为美国科学院院士；1986 年，以他的名字命名的实验室在普林斯顿成立；1986 年，美国医学会设立了刘易斯·托马斯传播奖；1990 年，洛克菲勒大学设立了刘易斯·托马斯奖。

1971 年，《新英格兰医学杂志》的主编弗朗茨·英格尔芬格邀请时任耶鲁大学医学院病理学系主任的刘易斯撰写专栏，名为“生物学观察者的手记”，每月一篇，每篇

1000字左右。虽然没有报酬，但也不会对他的文字进行编辑。就像他后来在《最年轻的科学》中所说的那样，他“很珍惜这次机会”，能够摆脱科学写作中“每个字都绝对不含糊的扁平风格”，他也在写作中逐渐发展出了属于自己的风格。这其实也是重拾年轻时代的兴趣，他在大学期间曾在《大西洋月刊》、《哈珀集市》和《星期六晚报》上发表了大量的随笔和诗歌，讨论医学现状与发展、死亡和战争等主题。

1974年，维京出版社将其中的29篇随笔结集出版，便是这部《细胞生命的礼赞》。甫一问世，立刻收获上佳的口碑，获得当年美国国家图书奖，并在短短的五年内被翻译成了11种语言，畅销全球。

他自诩为一个生物学观察者，所有的文章都是一则则的观察手记。从书名 *The Lives of a Cell* 说起，字面来看，他的观察对象是“一个细胞的生命”，生命是复数形式。或许他写的是一个细胞的前世今生？或许是一个细胞本有“九命”？甚至追问一句，这个细胞是泛指还是特指某个细胞？这是作者留给读者的悬念，实际上，在最后一篇《世界上最大的膜》中给出了回答，在作者看来，地球也是一个细胞，所谓的一个细胞便是这个世界吧。

作者是一位优秀的观察家，他总是以一种意想不到的视角敏锐地观察芸芸众生，尤其是他对科学家的观察。

比如："从合适的高度往下看，大西洋城边，海滨木板路，阳光灿烂，一群群的医学家从四面八方赶来参加年会，俨然群居昆虫开大会。同样是振动式的离子运动，不时被来回乱窜的其他昆虫打断，碰碰触角，交换一点信息。每隔一段时间，会一溜长队冲向恰尔德饭店，就像被抛出的鱼线一般。假如木板不是被牢牢钉住，就算看到它们筑起各式各样的巢穴，你也不用感到吃惊。"（见《作为有机体的社会》）。比如："海滩上很挤，人们得踮着脚来回穿行，方能找见一块歇息的地方。但不管怎样，总是有很多人站着。生物学家似乎很喜欢站在海滩上聊天，他们不时地打着手势，弯下腰在沙子上画着图形。到夜幕降临的时候，海滩上已横竖交叉着乱七八糟的纵坐标、横坐标和曲线……即使在很远的地方，未见其人，已闻其声。你可以远远地听到海滩上传来的声音，那是世间最不同凡响的声音，一半像吼叫，一半像歌声，掺杂着各种抬高的音调，那是人们在向彼此解释着什么。"（见《海洋生物学实验站》）

作者总会让我惊叹其文笔功力之深厚。他如诗人一般，描绘了自然界的诗意，他用睿智的视角，捕捉到自然界的谐趣，洞悉了自然界无处不在的共生关系。他似乎有一把神奇的刻度尺，从外太空到深海，从分子到思想，从细胞器到物种，从语言学到有机体，从音乐到社会关系，从自然生态到学术生态。他讨论了科学、环境、生物、人类，甚至宇宙，在免疫学、社会学、生物学和语言学等各领域之间不断穿梭。他既能见微知著，以小见大，又能化整为零，博学却不显卖弄。曾被授予理学、法学、文学，甚至音乐等荣誉学位的他，实至名归。诗意的文字背后也透着作者的哲思——地球上的万物都是彼此相连的。作者没有艰涩的语言、华丽的辞藻，唯有朴素的表达，但海量的双关、类比和隐喻信手拈来，行云流水，一气呵成，处处透着科学家的严谨、缜密和幽默。

这本书的神奇和可贵之处在于，在当今这个信息爆炸的时代，刚刚出炉的评论可能午夜时分已是明日黄花，分分钟被打脸的情况比比皆是，而他的很多洞见在几十年后的今天依然发人深思，甚至因为距离我们年代久远，更让我们觉得颇有新意。

其实，我和这本书还有一层特殊的缘分，第一次读这本书是在 2004 年。我在大学时，曾经有过成为科学记者的志向，想要找一些书参考阅读，当时教我医学史课程的张大庆教授推荐给我两本书，其中一本是《细胞生命的礼赞》，另外一本是《最年轻的科学》。课程结束后，我对医学史产生了浓厚的兴趣，保研时，毅然投入张大庆教授的门下。如今，医学史的教学和研究也成为我热爱的事业，既是生活所需，又是兴趣所在。机缘巧合下，很荣幸能够再译这本书，而翻译爬梳的过程更是让我对原文有了一番深耕细读，它的优美和精妙程度让我有些不忍翻译，破坏或许在所难免，译者只好加了一些注解，只求能补救一二。

苏静静

2020 年 3 月

译者注

1 含菌细胞是一种特殊的脂肪细胞，主要存在于某些昆虫体内，如蚜虫、采采蝇、德国蟑螂、象鼻虫。这些细胞内含有共生生物，如细菌和真菌，为宿主提供必需氨基酸和其他化学物质。

2 explore，源于拉丁语 *explorare*，由 *ex-*（出去）和 *plorare*（喊出）构成。

3 Osmic frequency，指弗里曼·戴森关于气味的理论假说，即化学物质的气味与其在电磁波远红外区固有的分子振动频率有关。

4 鲸鱼座 τ 星即中国星宫中的天仓五，是在鲸鱼座内一颗在质量和恒星分类上都和太阳相似的恒星，取名自希腊神话中的海怪刻托（Cetus）。

5 Burrhus Frederic Skinner（1904—1990），是行为主义学派最负盛名的代表人物，是操作性条件反射理论的奠基者。他是世界心理学史上最著名的心理学家之一，被美国心理学界评为 20 世纪心理学家第一人。1947 年，为了研究迷信行为的形成，8 只饥饿的鸽子成了斯金纳的被试物。研究发现，当我们做出一些行为，然后出现了偶然奖励，我们就把它作为对这种行为的奖赏——尽管实际上并非如此。斯金纳把这种偶然的强化称作非关联性强化。接下来，为了获得更多的奖励，我们会重复之前的行为，当奖励再次偶然出现，我们的信念也随之更加稳固，也就更相信迷信了。

6 此处指的是海佛烈克极限（Hayflick limit）的概念，是指一个正常的人类细胞群体在细胞分裂停止前所能分裂的次数限制。经验证据显示，每个细胞的 DNA

所连接的端粒在每次新的细胞分裂后会略微缩减，直至缩减至一个极限长度。这个概念是在 1961 年，由美国解剖学家列奥那多 · 海佛烈克提出的，证明了一个正常的人类胎儿细胞群体，在细胞培养下可以分裂 40~60 次，而此细胞群体将会进入衰老期。

7 威廉 · 奥斯勒爵士（Sir William Osler，1849—1919）是约翰斯 · 霍普金斯医院的四位创始教授之一。奥斯勒创建了第一个医生专业培训的住院医师计划，他是第一个将医学生带出讲堂进行临床培训的人。他被称为现代临床医学之父，也是著名的医学史家。

8 morphogesis，来自生物学的概念，形态发生是一个生物体发展形态的生物过程，同时控制细胞生长和细胞分化。

9 parts of speech，根据词的语法功能划分的词的类别。

10 查尔斯 · 达尔文跟随“贝格尔号”离开加拉帕戈斯群岛 24 年后，《物种起源》诞生。直到临终之时，达尔文都坚信，荒蛮又原始的加拉帕戈斯群岛是他思想的起源，是《物种起源》的起源。

11 本义为“中古英语”，双关，讽刺美国医学会。

参考文献

关于倒计时的想法

Hanks, J. H., "Host-Dependent Microbes," *Bacteriological Review,* 30:114–35, 1966.

Shilo, M., "Morphological and Physiological Aspects of the Interaction of *Bdellovibrio* with Host Bacteria," *Current Topics in Microbiology and Immunology*, 50:174–204, 1969.

Dilworth, M. J., "The Plant as the Genetic Determinant of Leghaemoglobin Production in the Legume Root Nodule," *Biochemica et Biophysica Acta*, 184:432– 41, 1969.

Timourian, H., "Symbiotic Emergence of Metazoans," *Nature*, 226:283–84, 1970.

Gotto, R. V., *Marine Animals: Partnerships and Other Associations*. New York: American Elsevier, 1969.

Thompson, T. E., and Bennett, I., "Physalia Nematocysts: Utilized by Mollusks for Defense," *Science*, 166:1532– 33, 1969.

Theodor, J. L., "The Distinction between 'Self' and 'Non-Self' in Lower Invertebrates," *Nature*, 227:690–692, 1970.

Parker, B. C., "Rain as a Source of Vitamin B_{12}," *Nature*, 219:617–18, 1968.

作为有机体的社会

Ziman, J. M., "Information, Communication, Knowledge," *Nature*, 224:318–24, 1969.

对于信息素的恐惧

Comfort, A., "The Likelihood of Human Pheromones," *Nature* ,230:432–33, 1971.

Hoyt, C. P., Osborne, G. O., and Mulcock, A. P., "Production of an Insect Sex Attractant by Symbiotic Bacteria," *Nature*, 230: 472–73, 1971.

Wilson, E. O., "Chemical Systems," in T. A. Seboek, ed., *Animal Communication: Techniques of Study and Results of Research*. Bloomington: Indiana University Press, 1970.

Todd, J. H., "The Chemical Languages of Fishes," *Scientific American*, 224(5):98–108, 1971.

Michael, R. P., Keverne, E. B., and Bonsall, R. W., "Pheromones: Isolation of Male Sex Attractants from a Female Primate," *Science*, 172:964–66, 1971.

McClintock, M. K., "Menstrual Synchrony and Suppression," *Nature*, 229:244–45, 1971.

"Effects of Sexual Activity on Beard Growth in Man," *Nature* ,226:869–70, 1970.

Smith, K., Thompson, G. F., and Koster, H. D., "Sweat in Schizophrenic Patients: Identification of the Odorous Substance," *Science*, 166:398–99, 1969.

地球的音乐

Howse, P. E., "The Significance of the Sound Produced by the Termite Zootermopsis angusticollis (Hagen)," *Animal Behavior*, 12:284–300, 1964.

Busnel, R. G., ed., *Acoustic Behavior of Animals*. Amsterdam: Elsevier, 1963.

Payne, R. S., and McVay, S., "Songs of Humpback Whales," *Science* 173:585–97, 1971.

Morowitz, H. J., *Energy Flow in Biology: Biological Organization as a Problem in Thermal Physics*. New York: Academic Press, 1968.

一个诚恳的建议

Margulis, L., *The Origin of Eukaryotic Cells*. New Haven: Yale University Press, 1970.

说味

King, J. E., Becker, R. F., and Markee, J. E., "Studies on Olfactory Discrimination in Dogs," *Animal Behavior*, 12:311–15, 1964.

Kalmus, H., "The Discrimination by the Nose of the Dog of Individual Human Odours and in Particular of the Odours of Twins," *Animal Behavior*, 3:25–31, 1955.

Regnier, F. E., and Wilson, E. O., "Chemical Communication and 'Propaganda' in Slave-Maker Ants," *Science*, 172:267–69, 1971.

Moulton, D. G., Celebi, G., and Fink, R. P., "Olfaction in Mammals," in Wolstenholme, G. E. W., and Knight, J., eds., *Taste and Smell*. London: J. and A. Churchill, 1970.

Hara, T. J., Ueda, K., and Gorbman, A., "Electroencephalographic Studies of Homing Salmon," *Science*, 149:884–85, 1966.

Wiener, H., "External Chemical Messengers," I: "Emission and Reception in Man," *New York State Journal of Medicine*, 66:3153–70; II: "Natural History of Schizophrenia," *ibid*., 67:1144–65.

Smith, K., Thompson, G. F., and Koster, H. D., "Sweat in Schizophrenic Patients: Identification of the Odorous Substance," *Science*, 166:398–99, 1969.

Margolin, A. S., "The Mantle Response of *Diodora aspera*," *Animal Behavior*, 12:187–94, 1964.

Benacerraf, B., and McDevitt, "The Histocompatibility-Linked Immune Response Genes," *Science*, 175:273–78, 1972.

Whittaker, R. H., and Feeny, P. P., "Allelochemics: Chemical Interactions Between Species," *Science*, 171:757–70, 1971.

曼哈顿的大力士

Watson, J. A. L., Nel, J. J. C., and Hewitt, P. H., "Behavioural Changes in Founding Pairs of the Termite *Hodotermes mossambicus*," *Journal of Insect Physiology*, 18:373–87, 1972.

Wheeler, W. M., *Essays in Philosophical Biology*. Cambridge, Mass.: Harvard University Press, 1939.

Larousse Encyclopedia of Animal Life. New York: McGraw Hill, 1972.

伊克人

Turnbull, C. M., *The Mountain People*. New York: Simon and Schuster, 1972.

生物神话种种

Gressitt, J. L., Samuelson, G. A., and Vitt, D. H., “Moss Growing on Living Papuan Moss-Forest Weevils,” *Nature*, 217:765, 1968.

Margulis, L., “Symbiosis and Evolution,” *Scientific American*, 225(2): 48–57, 1971.

Giese, A. C., *Blepharisma: The Biology of a Light-Sensitive Protozoan*. Stanford, Calif.: Stanford University Press, 1973.

语汇种种

Wheeler, W. M.,“The Ant-colony as an organism,” *Journal of Morphology*, 22:307–25, 1911.

Maeterlinck, M., *The Life of the White Ant*. London: Allen and Unwin, 1930.

Marais, E. N., *Die Siel van die Mier*. Pretoria: J. L. van Schaik, 1933.
Lewis, C. S., *Studies in Words*. Cambridge: Cambridge University Press, 1960.

Morrison, P., “All That Is Made,” *Bulletin of the American Academy of Arts and Sciences*, 25(5):7–19, 1972.

Julian of Norwich, *Revelation V*, 1373.

活的语言

Grassé, P. P., “Nouvelles Expériences sur le termite de Muller et considerations sur la théorie de la stigmergie,” *Insectes Sociaux*, 14: 73–102, 1967.

Wilson, E. O., *The Insect Societies*. Cambridge, Mass.: Harvard University Press, 1971.